Technik im Fokus

Konzeption der Energie-Bände in der Reihe Technik im Fokus: Prof. Dr.-Ing. Viktor Wesselak, Institut für Regenerative Energiesysteme, Fachhochschule Nordhausen

Technik im Fokus

Photovoltaik – Wie Sonne zu Strom wird
Wesselak, Viktor; Voswinckel, Sebastian, ISBN 978-3-642-24296-0

Komplexität – Warum die Bahn nie pünktlich ist
Dittes, Frank-Michael, ISBN 978-3-642-23976-2

Kernenergie – Eine Technik für die Zukunft?
Neles, Julia Mareike; Pistner, Christoph (Hrsg.), ISBN 978-3-642-24328-8

Energie – Die Zukunft wurd erneuerbar
Schabbach, Thomas; Wesselak, Viktor, ISBN 978-3-642-24346-2

Werkstoffe – Unsichtbar, aber unverzichtbar
Weitze, Marc-Denis; Berger, Christina, ISBN 978-3-642-29540-9

Werkstoff Glas – Alter Werkstoff mit großer Zukunft
Schaeffer, Helmut; Langfeld, Roland, ISBN 978-3-642-37230-8

3D-Drucken – Wie die generative Fertigungstechnik funktioniert
Fastermann, Petra, ISBN 978-3-642-40963-9

Wasserstoff und Brennstoffzellen – Unterwegs mit dem saubersten Kraftstoff
Lehmann, Jochen; Luschtinetz, Thomas, ISBN 978-3-642-34667-5

Weitere Bände zur Reihe finden Sie unter
http://www.springer.com/series/8887

Jochen Lehmann · Thomas Luschtinetz

Wasserstoff und Brennstoffzellen

Unterwegs mit dem saubersten Kraftstoff

 Springer

Jochen Lehmann
FB Elektrotechnik und Informatik, Institut für Energie und Umwelt IFEU e.V
Fachhochschule Stralsund
Stralsund, Deutschland

Thomas Luschtinetz
FB Elektrotechnik und Informatik, Institut für Regenerative EnergieSysteme IRES
Fachhochschule Stralsund
Stralsund, Deutschland

ISSN 2194-0770
ISBN 978-3-642-34667-5   ISBN 978-3-642-34668-2 (eBook)
DOI 10.1007/978-3-642-34668-2

Die Deutsche Nationalbibliothek verzeichnet diese Publikation in der Deutschen Nationalbibliografie; detaillierte bibliografische Daten sind im Internet über http://dnb.d-nb.de abrufbar.

Springer

Springer ist Teil der Fachverlagsgruppe Springer Science+Business Media
www.springer.com

Vorwort

Im Jahre 2002 veröffentlichte der Deutsche Wasserstoff- und Brennstoff-zellen-Verband e. V. eine Broschüre über Wasserstoff und Brennstoffzellen. Basiswissen, Historie und die Angabe von weiterführender Literatur waren für jedermann gedacht, denn, wie es im Geleitwort hieß, die kommenden notwendigen Änderungen in der Energiewirtschaft würden einen jeden betreffen.

Nur zwölf Jahre später steht unsere Gesellschaft inmitten der Diskussion um die Energiewende. Nicht etwa ein Ob und Wenn stehen zur Debatte, sondern das Wie wird besprochen. Die allgemeine Betroffenheit ist offenbar, der eine oder andere orientiert sich beruflich, Lehrpläne werden angepasst, Konzerne ändern ihre Entwicklungsziele, allerwenigstens aber ist es die Sorge um die Bezahlbarkeit, die immer wieder aufkommt. Mit der Behauptung, regenerative Energien bewirkten höhere Preise, werden die Tatsachen verbrämt, dass es die Umstellung ist, die Investitionen erfordert, und dass die Verknappung der konventionellen fossilen Energieträger deren Verteuerung bewirkt.

Um sich in diesem Prozess zu orientieren und positionieren zu können, braucht man Wissen. An dieser Stelle will das vorliegende Bändchen in der Reihe „Technik im Fokus" helfen. Es will und kann nicht jeder Fachmann werden. Aber jeder sollte wissen, worum es geht.

Dem Verlag sei gedankt, dass entsprechend der Konzeption der Reihe auch der Laie angesprochen wird, sich einen Überblick zu verschaffen wie auch die Hinweise zur vertieften Beschäftigung mit der Thematik zu nutzen. Ein jeder sollte sich bewusst und überzeugt einbeziehen lassen und an der Umsetzung der Energiewende mitwirken.

Inhaltsverzeichnis

Der Energieträger Wasserstoff   1

…Oui, mes amis, je crois que l'eau sera un jour employée comme combustible, que l'hydrogène et l'oxygène, qui la constituent, utilisés isolément ou simultanément, fourniront une source de chaleur et de lumière inépuisables et d'une intensité que la houille ne saurait avoir … L'eau est le charbon de l'avenir.

„Je voudrais voir cela," dit le marin. „Tu t'es levé trop tôt, Pencroff," répondit Nab, qui n'intervint que par ces mots dans la discussion.

Ja, meine Freunde, ich glaube, dass Wasser eines Tages als Brennstoff genutzt werden wird, dass seine Bestandteile Wasserstoff und Sauerstoff, gemeinsam oder separat eingesetzt, eine unerschöpfliche Quelle von Wärme und Licht sein werden – mit einer Intensität, wie sie Kohle nicht erreicht … Das Wasser ist die Kohle der Zukunft (Jules Verne, L'Île mystérieuse, 1874).

Zusammenfassung

Das weitaus häufigste Element unserer Welt ist Wasserstoff. Elementar kommt das Gas in der Natur aber so gut wie nicht vor. Es muss unter Energieaufwand aus Verbindungen herausgelöst werden. Da genau die dazu nötige Energie beim Verbrennen wieder frei wird, stellt Wasserstoff einen Energieträger und Kraftstoff dar. Er kann ohne schädliche Emissionen zu Wasserdampf verbrannt werden. Wasserstoff ist damit ein passendes Speichermedium für grünen Strom.

In diesem Kapitel wird gezeigt, dass wir regenerative Energie in steigendem Maße nutzen und auch speichern müssen, dass Wasserstoff als Kraftstoff im Verkehr (im Zusammenhang mit Brennstoffzellen) oder rückverstromt zur Stabilisierung der elektrischen Netze wie auch als industrieller Rohstoff wichtig werden wird. Beeindruckend ist dabei die bisherige Geschichte des Wasserstoffs und seiner

J. Lehmann und T. Luschtinetz, *Wasserstoff und Brennstoffzellen*,   1
Technik im Fokus, DOI 10.1007/978-3-642-34668-2_1,
© Springer-Verlag Berlin Heidelberg 2014

technischen Anwendung – er wird sicher und erfolgreich seit etwa zweihundert Jahren genutzt.

1.1 Der Energieträger Wasserstoff

Die Erfindung von James Watt (1782) begründete die industrielle Revolution. Seitdem wurden über Jahrmillionen eingelagerte Energiereserven gefördert, um die gewünschte Menge von Energie zu nutzen. Die Sonne als Strahlungsquelle (Licht und Wärme) und der von ihr bewirkte Wind sind für menschliche Begriffe zwar unendlich, die aus ihnen zur Nutzung gewinnbare Energie erweist sich, gemessen an dem in der Technik Üblichen, aber als dürftig.

In Zahlen fassen lässt sich diese Tatsache mit Hilfe der Größe *Leistungsdichte*. Das ist die pro Zeiteinheit und pro Flächenelement umwandelbare Energie, die als Strom oder Wärme genutzt werden kann:

Moderne Wärmekraftwerke, die typisch für die allgemeine Versorgung mit Elektrizität und Wärme und auf die Belieferung der Wirtschaft mit Energie zugeschnitten sind, haben üblicherweise eine Leistungsdichte von $500\,\mathrm{kWm}^{-2}$.

Bei der Nutzung der regenerativen Energiequellen erreichen nur Turbinen in Wasserkraftwerken mit großen Stauhöhen solche Werte, alle anderen Energieumwandlungen liegen bei um Größenordnungen kleineren Leistungsdichten. Beispielsweise ergibt sich für eine Windenergieanlage mit 3 MW Nennleistung und einer Flügellänge von 40 m die Leistungsdichte zu etwa $0{,}6\,\mathrm{kWm}^{-2}$. Gegenüber dem Kessel im Kraftwerk bedeutet das einen Faktor von 10^{-3}. Für die Nutzung der Sonnenstrahlung liegen die Werte in der gleichen Größenordnung, für Energieumwandlungen auf der Basis von Biomasse ergibt sich ein Faktor von 10^{-5} bis 10^{-6}. (Die Abschätzung des letztgenannten Wertes beruht auf dem Beispiel der Rapsölproduktion in Deutschland im Jahre 2012 mit einer Anbaufläche von 1,45 Millionen Hektar und der Ernte von 3,6 Millionen Tonnen Öl.)

Nun stehen Sonne und Wind tageszeit- und wetterbedingt nicht ständig mit konstanter bzw. planbarer Leistungsdichte an, wie wir es von den fossilen Kraftwerken kennen. Dadurch fehlt bei großem Strombedarf als auch geringem Einspeiseaufkommen Energie im Stromnetz, die mittels Reservekraftwerken oder gespeichertem Sonnen- und Windstrom be-

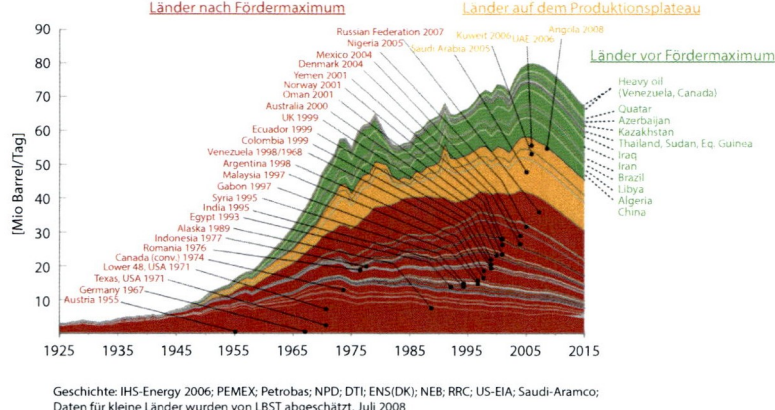

Geschichte: IHS-Energy 2006; PEMEX; Petrobas; NPD; DTI; ENS(DK); NEB; RRC; US-EIA; Saudi-Aramco;
Daten für kleine Länder wurden von LBST abgeschätzt, Juli 2008
Ausblick: LBST 2009

Abb. 1.1   Entwicklung der Erdölförderung nach Ländern [2]

darfsgenau auszugleichen ist, damit das Stromnetz in der Balance von
Bereitstellung und Verbrauch bleibt.

Trotz dieser geringen Leistungsdichte sind wir gezwungen, zukünftig im Wesentlichen regenerative Energie zu verwenden. Bereits 1713
erkannte Hans Carl von Carlowitz, dass Bäume nachgepflanzt werden
müssen, wenn man Holz erntet, den Wald aber erhalten will. Damit formulierte er das Prinzip der Nachhaltigkeit. Leider hat es sich noch nicht
durchgesetzt. Statt dessen haben die Industriegesellschaften die Vorkom-
men fossiler Energieträger so weit ausgenutzt, dass z. B. etwa 2005 das
Maximum des Welthandelsvolumens von konventionellem Rohöl überschritten worden ist. Seitdem sinkt seine Produktion bei steigendem Bedarf (Abb. 1.1). Recherchen lassen sogar vermuten, dass der Maximal-
punkt für alle fossilen Energierohstoffe einschließlich des Kernbrenn-
stoffs um 2015 zu erwarten ist [1].

Es wurde demnach klar gegen das Prinzip der Nachhaltigkeit im öko-
nomischen Sinne verstoßen und die Wirtschaft nicht so angelegt, dass
sie „dauerhaft eine tragfähige Grundlage für Erwerb und Wohlstand bietet". Auch im ökologischen Sinn wurde keineswegs nachhaltig gehan-
delt, denn angesichts der auf menschliches Handeln zurückzuführenden

Beeinflussung des atmosphärischen CO_2-Haushalts ist nicht sicher, dass „Natur und Umwelt den nachfolgenden Generationen erhalten" werden können [3].

In dem Versuch, den sich abzeichnenden Klimawandel noch zu dämpfen, und weil sich die Quellen der fossilen Energierohstoffe erschöpfen, was wir ohne alle Statistik an ihrer Preisentwicklung ablesen können, müssen die regenerativen Energiequellen in steigendem Maße die fossilen Energieträger ersetzen. Um dabei den ja weiter steigenden Energiebedarf hinsichtlich Strom, Wärme und Kraftstoffen zu jedem Zeitpunkt sicher zu decken, ist es notwendig, saubere Speichermöglichkeiten zu erschließen.

In dieser Situation richtet sich unsere Hoffnung auf Wasserstoff. Dieses Element ist das weitaus häufigste der Welt, allerdings kommt es auf der Erde außer in den höchsten Atmosphärenschichten nicht elementar vor. Um Wasserstoff als Element zu gewinnen, z. B. aus Methan, Alkohol oder Wasser, muss Energie aufgewendet werden. Bei diesem Prozess wird das Wasserstoffgas zum Energieträger, denn die eingesetzte Energie wird bei der Verbrennung des Wasserstoffs zu Wasser wieder frei, und ist z. B. als Kraftstoff nutzbar. Die chemische Gleichung verdeutlicht die Reaktionen:

$$H_2O \leftrightarrow H_2 + 1/2\,O_2\,.$$

Das Wasser wird über beide Prozesse zwar benutzt, aber nicht verbraucht. Kreisläufe wie dieser sind der Inbegriff der Nachhaltigkeit. In der Energiewirtschaft gibt es bislang nur diesen einen.

Wasserstoff wird als Energieträger seit 1808 verwendet. Mit etwa 50 % Anteil im Stadtgas enthalten, haben unsere Vorfahren damit beleuchtet, gekocht, geheizt und auch Verbrennungsmotoren betrieben (Abb. 1.2).

Als Kraftstoff für den Verkehr kam Wasserstoff am Anfang der 1970er Jahre in die Diskussion, als es zu einer vorrangig politisch verursachten Verknappung des Rohöls mit einem Preissprung bei Erdölprodukten kam. Mit der Benutzung von Wasserstoff als Kraftstoff öffnet sich der Pfad, regenerativ erzeugten Strom im großen Stil in den Verkehrssektor zu bringen.

Abb. 1.2 Vomag-Bus mit Gasaufbau 1953 [7] (Quelle: Stadtwerke Zwickau)

1.2 Wasserstoff in der Technikentwicklung

Die antike Vorstellung, unser Lebensraum bestünde aus den vier Elementen Erde, Wasser, Luft und Feuer (Empedokles, 5. Jh.v. Chr.) wurde erst um 1600 durch Helmond um die Idee erweitert, es existierten auch andere „luftartige Stoffe" oder „Gase". Cavendish stellte 1766 aus Metall plus Schwefelsäure „brennbare Luft" her, Scheele und Priestley fanden um 1772 unabhängig voneinander „Feuerluft". Cavendish verbrannte 1781 beide miteinander und Lavoisier schlug 1787 die Begriffe „hydrogene" und „oxygene" vor. Bereits 1783, im Jahre der ersten Ballonfahrt Montgolfiers, demonstrierte A. C. Charles die geringe Dichte des Wasserstoffs, indem er einen 25 m^3 fassenden Ballon aufsteigen ließ.

Diese Schritte, über die Wasserstoff als chemisches Element in das Bewusstsein der Menschen trat, hat Rudolf Weber für sein Buch „Der sauberste Brennstoff" [4] zusammengetragen. Seine frühe Beschreibung einer neuen Technologie ist auch lesenswert, weil sie einen Einblick in die Diskussionen vor mehr als zwanzig Jahren gibt und damit die enormen Fortschritte verdeutlicht, die inzwischen bei der Wasserstofftechnik erreicht wurden.

Der Autor beschreibt, dass Johann Wilhelm Ritter bereits um 1800 Wasserstoff mittels Elektrolyse herstellte. In London erstrahlten im Jahre 1808 Straßenlampen in dem berühmt gewordenen „Gaslight". Leuchtmittel waren Cer- und Thorium- oder Yttriumoxid imprägnierte „Glühstrümpfe"; verbrannt wurde ein Gemisch aus Luft und Stadtgas – ein Gemisch, das durch Leiten von Wasserdampf über glühenden Koks erzeugt wurde und etwa 50 % Wasserstoff enthielt. Erst seit den 1960er Jahren wurde Stadtgas in Deutschland durch Erdgas ersetzt, das nunmehr zum Kochen und Heizen zur Verfügung stand.

Um 1820 erfand der Jenaer Professor Johann Wolfgang Doebereiner das nach ihm benannte und auch von ihm auf den Markt gebrachte Feuerzeug, in dem erstmalig bewusst Platin als Katalysator für die Entzündung eines Wasserstoff-Luft-Gemisches eingesetzt wurde. William Robert Grove stellte 1839 seine „Gas Chain" als Prinzip der Brennstoffzelle vor. Die „kalte Verbrennung", eine flammlose Reaktion von Wasserstoff und Sauerstoff, fand in gläsernen Röhren statt, in denen sich von Wasserstoff bzw. Sauerstoff umspülte und teilweise in einen Elektrolyten eintauchende Platinelektroden befanden, zwischen denen sich eine Spannung aufbaute. Ohne Bewegung, laut- und reibungslos wurde Strom erzeugt. Man muss sich fragen, warum es mehr als einhundert Jahre dauerte, bevor diese Erfindung auf das Interesse der Gesellschaft stieß und man begann, brauchbare Geräte aus ihr zu entwickeln.

Eine Antwort liegt in dem 1866 patentierten Generator von Werner von Siemens. Diese phantastische Maschine fand in Windeseile ihren Weg um die Erde, denn im Jahrhundert der Mechanik waren Konstruktion und Materialien dafür kein Problem und man konnte sie mit der Dampfmaschine antreiben. Die Erfindung von Grove dagegen erforderte Verständnis der elektro-chemischen Vorgänge, und zu ihrer effektiven Realisierung brauchte man besondere Materialien. Beispielsweise hat der Engländer Schmid um 1925 die sehr nützliche Gasdiffusionselektrode entwickelt. Und der Erfolg von Chemie und Materialwissenschaft mit Teflon und seinen Derivaten kam erst nach dem zweiten Weltkrieg.

Ebenso war es bei der Elektrolyse. Über 120 Jahre nach Ritters erfolgreichem Experimentieren, erst 1929 wurde die erste industrielle Elektrolyse am Wasserkraftwerk in Rjukan, Norwegen, angefahren. Dort brauchte man den preiswerten Wasserstoff für die Herstellung von Ammoniak für die Kunstdüngerproduktion. Hatte doch Fritz Haber 1909 mit seiner Ammoniaksynthese (1913 als Haber-Bosch-Verfahren) den Wasserstoff auf seinen Weg als Grundstoff für die chemische Industrie gebracht. In Rjukan übrigens wurde neben den Gasen Wasserstoff und Sauerstoff ein drittes Produkt aus den Elektrolyseuren gewonnen, angereichertes schweres Wasser, nutzbar in der Kerntechnik.

Wasserstoff als Energieträger – Historische Entwicklung

1783	A.C. Charles: Start eines Wasserstoffballons (25 m³)
1789	J.D. Deiman und A.P. van Troostwijk: Elektrolyse-Prinzip
1800	W. Nicholson und J. Ritter: Wasserelektrolyse mit Batteriestrom
1806	F.I. de Rivaz: Verbrennungsmotor mit Knallgas betrieben
1808	Gaslight in London (Stadtgas enthält etwa 50 % Wasserstoff)
1823	Doebereinersches Feuerzeug mit Platin als Katalysator
1839	C.F. Schönbein publiziert das Prinzip der Brennstoffzelle
1839	W.R. Grove: Gas Chain – Urform der Brennstoffzelle
1900	F. von Zeppelin startet LZ1 mit Wasserstoff zum Auftrieb
1909	F. Haber: Ammoniaksynthese
1920	Hydrocracking – Kohleverflüssigung in Leuna
1923	Synthetisches Methanol, BASF, Leuna
1923	A. Schmid: Gasduffusionselektrode
1929	Industrielle Elektrolyse am Wasserkraftwerk in Rjukan, Norwegen
1937	P. von Ohain betreibt Strahltriebwerk mit Wasserstoff, Heinkel, Rostock
1940	Wasserstoff-Leitungssystem im Ruhrgebiet, ca. 140 km
1943	Flüssiger Wasserstoff als Raketentreibstoff erprobt, Ohio State University
1955	W.T. Grubb benutzt sulfoniertes Polystyrene als Elektrolyt
1958	L. Niedrach lagert Platin in der Membran ein
1958	Allis-Chalmers betreibt einen Traktor mit Brennstoffzelle (15 kW)
1961	Raketenflug mit flüssigem Wasserstoff

1963 PEM-Brennstoffzelle im Gemini-Projekt, NASA
1968 Alkalische Brennstoffzelle beim Flug zum Mond einge-
       setzt, NASA
2003 U-Boot Typ 212 A mit PEM-Brennstoffzelle
2011 World Drive dreier Daimler FCell B-Class
2011 ENERTRAG-Hybridkraftwerk (6 MW Windkraft und
       500 kW Elektrolyse)
2013 Hyundai startet Serienproduktion des ix35 FCEV

Noch zwei Meilensteine auf dem Weg des Wasserstoffs zum Kraftstoff seien erwähnt: Pabst von Ohain realisierte 1937 in den Heinkel-
Flugzeugwerken seine Idee eines Strahltriebwerks und verwendete zum
Testen der Konstruktion Wasserstoff als Treibstoff, auch das funktionier-
te. Und im Laufe der 1960er Jahre gingen alle Raumfahrt betreiben-
den Länder dazu über, Wasserstoff als Raketentreibstoff einzusetzen. Der
Grund dazu liegt in dem durch die Wasserstoffverbrennung erreichbaren
hohen spezifischen Vortrieb, man kann mit ihm die Startmasse minimieren.

Der wirkliche Einstieg in eine breite Nutzung des Wasserstoffs begann mit den Niedertemperatur-Brennstoffzellen in den 1960er Jahren.
1963 benutzte die NASA im Gemini-Projekt eine PEM-Brennstoffzelle zur Stromversorgung direkt aus Wasserstoff und Sauerstoff und 1968
war eine alkalische Brennstoffzelle mit auf dem Mond. 1970 hat der an
den NASA-Projekten beteiligte Karl Kordesch dann bereits ein Batterie-
Brennstoffzellen-Hybridauto – öffentlich zugelassen – als Familienauto
benutzt [5]. Diese Entwicklung wird 2015 ein Etappenziel erreichen: Von
diesem Jahr an, so planen die großen Automobilhersteller einträchtig,
wird der Verkauf von Brennstoffzellen-PKW an jedermann erfolgen. –
Das wird nur ein Anfang sein, auch Busse und Lastwagen, Schienen-,
Luft- und Wasserfahrzeuge sollen umgestellt werden, womit wir uns ab
Kap. 3 intensiv beschäftigen werden.

Für den Wasserstoff wäre damit die Entwicklung noch längst nicht
abgeschlossen. Seit den 1970er Jahren hat sich die Forschung zur Kernfusion als internationale Gemeinschaftsforschung organisiert. Nach dem
Vorbild der Sonne soll mit der Verschmelzung von Kernen des schweren

Wasserstoffs, Deuterium, und des Tritiumkerns gemäß der beispielhaften Gleichung

$$\,^2_1D + \,^3_1T \rightarrow \,^4_2He + \,^1_0n + 17{,}6\,\text{MeV}$$

Energie gewonnen werden. An dieser Stelle könnten die schweren Isotope des Wasserstoffs eines Tages eine große Rolle spielen, ohne dabei aus der Nachhaltigkeit auszuscheren.

1.3 Wasserstoff und Elektrizität

Eingangs wurde bereits erwähnt, dass Wasserstoff mittels Elektrolyse erzeugt, gespeicherte Energie bedeutet. Betreibt man nun mit diesem Kraftstoff Turbinen oder Gasmotoren und koppelt sie mit Generatoren oder man benutzt Brennstoffzellen, so erhält man den eingespeicherten Strom zurück. Allerdings sind Energieumwandlungen stets mit einem Wirkungsgrad verbunden. Dieser gibt an, welcher Anteil von der jeweilig zugeführten Ausgangsenergie als Nutzenergie erhalten wird, ist also stets kleiner als Eins. Die Differenz wird auf Grund von mechanischer Reibung und elektrischen Widerständen in Wärme umgewandelt.

$$\text{Wirkungsgrad } \eta = \frac{\text{abgegebene Nutzenergie}}{\text{zugeführte Energie}} \qquad (1.1)$$

Die Struktur von Abb. 1.3 stellt eine Speichereinheit dar. Den drei Komponenten Elektrolyse, Speicherung und Rückverwandlung sind charakteristische Wirkungsgrade zugeordnet, wobei der Wert 0,95 der Druckspeicherung bei mittleren Drücken (<20 MPa) entspricht. Als Gesamtwirkungsgrad (genauer: gesamter elektrischer Wirkungsgrad) der Speichereinheit entsteht etwa 0,4. Mit anderen Worten: Zwei Drittel des eingespeicherten Stroms verlassen das System als Wärme, die nur unter günstigen Bedingungen nutzbar ist. Ein schlechtes Geschäft? – Nein, nicht unbedingt.

Einerseits sei dagegengehalten, dass die Dampfmaschine bei nur einer Umwandlung – chemische Energie der Kohle in Bewegungsenergie – einen Wirkungsgrad von etwa 13 % hatte. Trotzdem konnte sie die Entwicklung der Technik außerordentlich beeinflussen, und ihr Einsatz hat sich als bezahlbar erwiesen. Denn die Gesellschaft hatte zu dieser Zeit

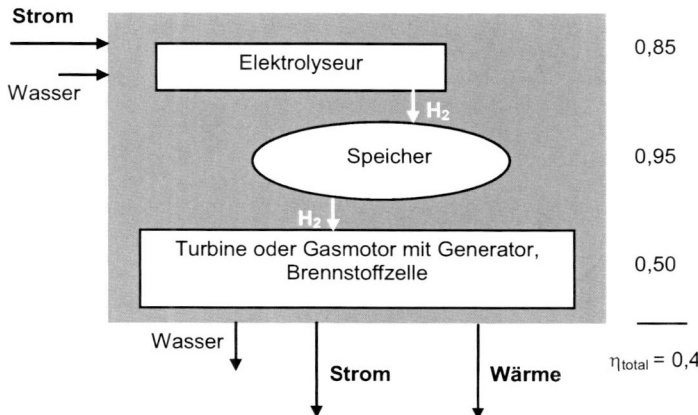

Abb. 1.3 Speichereinheit für elektrischen Strom

gerade eine solche Innovation gebraucht. Verbrennungsmotoren haben mit nur einer Umwandlung einen Wirkungsgrad zwischen 25 und 35 %. Die Gesellschaft akzeptiert das, offenbar erscheint der Nutzen doch hinreichend groß.

Zum anderen sind große Vorteile mit der beschriebenen Stromspeicherung verbunden. Erstens verläuft sie nachhaltig, betreibt keinen Ressourcenraubbau und kommt ohne klimaschädigende Emissionen aus. Außerdem vermag dieses System Strom im kleinsten und im größten Maßstab zu speichern. Entsprechend den Zielen der Energiewende werden bis zum Ende des Jahrzehnts 35 % und bis 2050 mehr als 80 % des ins deutsche Netz eingespeisten Stroms regenerativ erzeugt. Hauptsächlich wird das Windstrom sein. Um diesen trotz aller Windschwankungen zwischen tagelanger Flaute und Sturm vergleichsmäßigt und bedarfsgerecht ins Netz zu bringen, werden zur Pufferung Kavernen mit Wasserstoff gefüllt zur Verfügung stehen müssen. Nur auf diese Weise lässt sich eine genügend große Strommenge speichern. Abbildung 1.4 verdeutlicht, dass Pumpspeicherkraftwerke und Druckluftspeicherkraftwerke die notwendige Größenordnung deutlich verfehlen. Zwischen den Charakteristiken der 24-h-Prognose in einem bestimmten Zeitraum und der tatsächlichen Windstromeinspeisung von

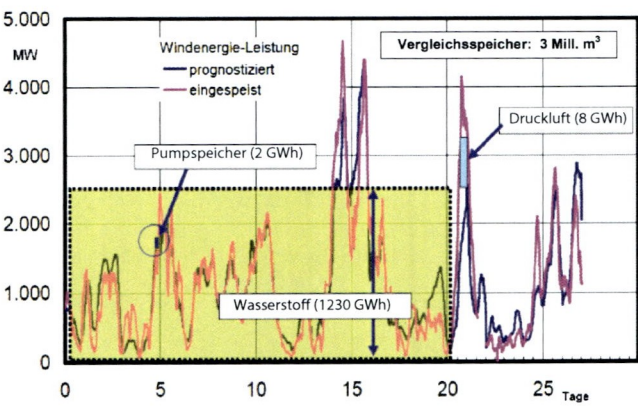

Abb. 1.4 Stromspeicherbedarf in Deutschland und mögliche technische Umsetzung [6]

nur etwa 10 % der mittleren Last zum damaligen Zeitpunkt zeigen die Flächen im Leistungs-Zeit-Diagramm die mit den drei Methoden speicherbaren Energiemengen. Diese werden bei dem gleichen angenommenen Speichervolumen nur im Wasserstofffall im erforderlichen Maße Windstromüberschüsse auffangen und Flauten abdecken können, zumal bei dem für die Zukunft geplanten höheren Windstromanteil die notwendigen zu speichernden Energiemengen noch steigen werden [6].

Wasserstoff als Speichermedium für Elektrizität und als Kraftstoff für die Brennstoffzellen im mobilen Sektor muss also in großem Maßstab eingelagert werden, um so nachhaltig wirtschaften zu können und damit das Fortbestehen unserer Gesellschaft zu sichern.

Literatur

[1] Ludwig-Bölkow-Systemtechnik GmbH (2010) Wasserstoff und Brennstoffzellen – starke Partner erneuerbarer Energiesysteme, 2. Aufl. (www.dwv-info.de)

[2] Ludwig-Bölkow-Systemtechnik GmbH (2010) Energie-Infrastruktur, 2. Aufl., Bd. 21. (www.dwv-info.de)

[3] Enquetekommission des Deutschen Bundestages (1989) Schutz des Menschen und der Umwelt, Bericht 1998. http://dip21.bundestag.de/dip21/btd/13/112/1311200.pdf

[4] Weber R (1991) Der sauberste Brennstoff, 2. erw. Aufl. Olynthus

[5] Kordesch K, Simader G (1996) Fuel Cells and Their Application. VCH Verlagsgesellschaft mbH, Weinheim

[6] Crotogino F, Hamelmann R (2007) Wasserstoff-Speicherung in Salzkavernen zur Glättung des Windstromangebots 14. Stralsunder Energiesymposium. www.ires.biz – Veranstaltungen/Konferenzen

[7] Freunde des Nahverkehrs e. V. (2002) Festschrift 75 Jahre Kraftomnibusbetrieb der Städtischen Verkehrsbetriebe Zwickau in Sachsen

Sicherung der Mobilität mit regenerativen Energien

2

Zusammenfassung

Vor reichlich 150 Jahren war es zunächst die Eisenbahn, die die Geschwindigkeit des Reisens immens steigerte. Unser heutiges Verständnis von individueller Mobilität ist durch die Massenmotorisierung geprägt. Dies wirft zum einen die Frage nach dem Energieaufwand dafür auf, wirken steigende Kosten für die fossilen Kraftstoffe und ihre Klimawirkung doch als wichtiger Hebel zur Entwicklung kraftstoffsparender Technologien. Eine zweite spannende Frage ist die nach der Ablösung der fossilen Kraftstoffe durch regenerativ erzeugte Energieträger. Hier ist die Nachhaltigkeit der gesamten zukünftigen Kreisläufe für Energie, aber letztlich auch für Nahrung und Wasser zu fordern. Wasserstoff selbst als Energieträger erweist sich dabei als aussichtsreichste Variante, weil bei allen „Wasserstoffverpackungen" durch die zusätzlichen Reaktionsschritte zur Herstellung und bei der Nutzung gegenwärtig einfach zuviel vom regenerativen Energieinput, den wir u. a. mit Wind- und Photovoltaikanlagen ernten, in kaum nutzbare Wärme umgewandelt wird.

2.1 Wieviel Energie benötigen wir zur Fortbewegung?

Die Welt ist im letzten Jahrhundert mobil geworden. Segelschiffe und Pferdefuhrwerk wurden durch Eisenbahn, Motorschiffe, Automobil und Flugzeug abgelöst. Individuelle Mobilität wurde vor allem durch die leicht handhabbaren flüssigen Kraftstoffe und den Ausbau der Straßennetze möglich. Dabei bestimmen Preis und Verbrauch der eingesetzten

J. Lehmann und T. Luschtinetz, *Wasserstoff und Brennstoffzellen*,
Technik im Fokus, DOI 10.1007/978-3-642-34668-2_2,
© Springer-Verlag Berlin Heidelberg 2014

fossilen Energieträger wesentlich die entfernungsbezogenen Trans-
portkosten, die durch immer effizientere Antriebe Schritt um Schritt
verringert werden konnten. Mit der Ölkrise 1973 stiegen aber nicht
nur die Energiepreise, vor allem der saure Regen und der Smog in den
Großstädten erhöhten den Entwicklungsdruck. Ein wichtiger Schritt
in Richtung umweltfreundlichen Verkehr war da der Katalysator, der in
Deutschland erst 1989 für Neuzulassungen Pflicht wurde. Die Kraftstoff-
verbräuche reduzierten sich allerdings nur langsam, die Kraftstoffpreise
stiegen eher schleichend, denn der wachsende Komfortanspruch ließ
wenig Spielraum für kostenintensive Motorinnovationen. Das derzeitige Überschreiten des Fördermaximums bei Erdöl und die notwendige
Reduktion des CO_2-Ausstoßes stellen die Frage aber neu: Wo liegen
denn eigentlich die Entwicklungsgrenzen der von uns derzeit genutzten
Antriebe?

Zwei Stellschrauben stehen zunächst in unserem auf individuelle Mobilität orientierten klassischen fossilen System zur Verfügung – Fahrzeuge, die wenig (mechanische) Energie für die Fortbewegung benötigen
und Antriebssysteme in den Fahrzeugen, die diese mechanische Energie mit möglichst geringen Verlusten aus den Kraftstoffen bereitstellen.
Für die gesamte Kette der Energiewandlung, d. h. von der Lagerstätte
der Energieträger bis zum Rad auf der Straße (from well to wheel) ist
noch der Aufwand zur Bereitstellung der Kraftstoffe einzubeziehen. Eine gesamtheitliche Betrachtung schließlich berücksichtigt die Kosten für
Verkehrswege, Fahrzeughaltung usf. bis zur Entsorgung am Nutzungs-
ende.

Als Nutzer gehen wir die Sache pragmatisch an: Wir alle wünschen
uns ein 1-Liter-Auto, das mit zwei Personen besetzt und etwas Urlaubs-
gepäck mit der in einem Liter Benzin gespeicherten Energie von ca.
9 kWh (unterer Heizwert) eine Fahrstrecke von 100 km bewältigt. Das
wären also 0,5 Liter je 100 Personenkilometer. Praktisch liegen wir heute beim etwa 10fachen Wert, wie Abb. 2.1 zu entnehmen ist.

Städtische Dieselbusse und Bahnen benötigen bei guter Auslastung
im Berufsverkehr nur ca. 1,5 Liter, gefolgt von der Bahn im Fernverkehr
mit etwa zwei und Großflugzeugen mit dem doppelten Verbrauch auf
100 Personenkilometer. Dann schließt sich bereits unser Individualver-
kehr mit der eher 1-Personen-Nutzung an, denn selbst die Status-SUV
und -Sportwagen werden von öffentlichen Verkehrsträgern bei geringer

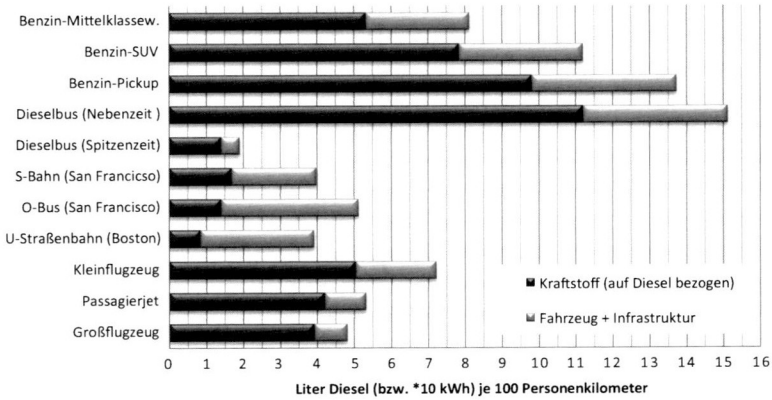

Abb. 2.1 Energiebedarf verschiedener Personentransportsysteme [1]

Auslastung getoppt, die dann um die 15 Liter Benzin für 100 Personen-kilometer benötigen.

Entscheidend für den Verbrauch eines (Land-)Fahrzeugs sind eine geringe Rollreibung und ein geringer Luftwiderstand.

Die **Rollreibung** ist abhängig von den Materialien, proportional zum bewegten Gewicht – also Fahrzeug und Fahrer – und überschlägig von der Geschwindigkeit unabhängig. Der geringe Rollreibungskoeffizient der günstigen Materialpaarung Stahl auf Stahl bei Schienenfahrzeugen wird heute sogar von speziellen Leichtlauf-Radialreifen fast erreicht – allerdings zu Lasten der Alltagsrobustheit. Diese Radialreifen werden bei Benzinspar-Wettbewerben auf präparierten Rennstrecken an gewichtsminimierten Fahrzeugen eingesetzt. Ein normaler Fahrrad-Rennradreifen zeigt da um den Faktor 10, ein PKW-Reifen um den Faktor 50 größere Verluste durch Walkarbeit.

Der **Luftwiderstand** nimmt mit der Geschwindigkeit quadratisch zu und ist natürlich noch direkt von der angeströmten Fläche und dem c_w-Wert der Fahrzeugform abhängig. Liegeräder bzw. ähnlich niedrig und möglichst strömungsgünstig ausgeführte Fahrzeuge wären hier das Optimum, die Mitfahrer sollten dann auch hintereinander sitzen.

Ideal für den Transport wären also gewichtslose Kokons mit möglichst geringer Anströmfläche – gut zu beobachten bei den jährlichen

Abb. 2.2 Wertungslauf des Shell Eco-marathons 2013

Rennen des Shell Eco-marathons (SEM). Bei diesem Wettbewerb geht es um den geringsten Energieverbrauch während des ca. 40 minütigen Fahrens mit mindestens 25 km/h. In der Klasse der dreirädrigen Prototypen (Abb. 2.2) sind die Siegerfahrzeuge bei idealen Bedingungen im Streckenverbrauch ca. 100x besser als das o. g. 1-Liter-Auto. Im praktischen Betrieb würde der Energiebedarf bei 80 km/h dann für eine Fahrstrecke von 100 Kilometern nur 0,05 Liter Benzin bzw. 0,44 kWh betragen.

Leider sind die Leichtrennwagen nicht für den öffentlichen Straßenverkehr zugelassen und auch nicht für höhere Geschwindigkeiten ausgelegt. Mit der 2004 beim SEM eingeführten Urban-Concept-Klasse nähern wir uns stärker dem Handling von PKW. Als vierrädrige straßentaugliche Fahrzeuge besitzen sie z. T. die Straßenzulassung und erreichen derzeit beim SEM mit 25 km/h und zehn praxisnahen Zwischenstops Verbrauchswerte von 0,08 Liter Benzin bzw. 0,7 kWh auf 100 km.

Insgesamt ermöglichen uns diese Rennwagen – angetrieben von Verbrennungsmotoren bzw. E-Motoren und unterwegs mit den verschiedenen Kraftstoffen bis hin zum Wasserstoff bzw. Batteriespeichern – eindrucksvoll einen realitätsnahen Blick in die Zukunft und den Vergleich der verschiedenen Antriebskonzepte, auf die wir im Folgenden eingehen wollen. Auf den Shell Eco-marathon werden wir dann im Detail in Kap. 6 zurückkommen.

2.2 Grenzen der Verbrennungsmotoren

Vor reichlich einhundert Jahren konnte man einen interessanten Wettbewerb beobachten. Akkumulator-Elektroautos konkurrierten mit Automobilen mit Otto-, Diesel-, Gas-, Dampf- und Druckluftmotoren. Reichweite und einfache Handhabung der flüssigen Kraftstoffe ließen nach Erfindung des Elektrostarters die Verbrennungsmotoren zum Träger der Massenmobilität werden. Dadurch erfuhren und erfahren sie eine permanente Weiterentwicklung – die auch sie in die Nähe des physikalisch Machbaren führt.

Die benötigte mechanische Antriebsleistung für das Fahrzeug wird bei Verbrennungsmotoren mittelbar über die Expansion der Verbrennungsgase bereitgestellt. Thermodynamische Betrachtungen von Sadi Carnot (1796–1832) führten auf den dabei maximal erreichbaren Wirkungsgrad von

$$\eta_{\max} = 1 - \frac{\text{min. Prozesstemperatur}}{\text{max. Prozesstemperatur}} .$$

Eine höhere Kompression – sie liegt bei Dieselmotoren und aufgeladenen Ottomotoren bei 20 : 1 – führt über die höhere Temperatur des Verbrennungsgases folglich zu einem höheren Wirkungsgrad. Im optimalen Arbeitspunkt in der Nähe der Nennleistung werden von modernen Benzinmotoren in Fahrzeugen maximal 36 % der beim Verbrennungsvorgang freigesetzten Wärme als mechanische Leistung abgegeben, Dieselmotore erreichen bis zu 43 % [2]. Das derzeit freigesetzte Einsparpotenzial resultiert vor allem aus der weiteren Minimierung des Kraftstoffbedarfs außerhalb der Nennleistungsanforderung über Magerbetrieb, Zylinder- u. Motorabschaltung. Bei Hybridfahrzeugen schließlich kann der Verbrennungsmotor fast durchgängig im optimalen Arbeitsbereich betrieben werden, indem die Differenzleistung über den elektrischen Speicher bereitgestellt oder zwischengespeichert wird. Dadurch sinken die durchschnittlichen Verbrauchswerte entsprechend.

Nachhaltige Antriebslösungen sind neben minimalem Energiebedarf durch weitgehende Emissionsfreiheit gekennzeichnet. Prinzipbedingt entsteht bei der Verbrennung von Kohlenwasserstoffen vor allem Kohlendioxid, das nur bei biogenen Kraftstoffen als Bestandteil eines nachhaltigen Kreislaufes in die Atmosphäre entlassen werden dürfte. Kohlenmonoxid als auch die durch die hohen Verbrennungstemperaturen entstehenden Stickoxide (saurer Regen) werden mit den verschiedenen Katalysatortechniken heute sicher in Kohlendioxid und Stickstoff umgewandelt. Dass die Nutzung biogener Kraftstoffe derzeit keine tragende Option darstellt, hat mehrere Gründe. Tank und Teller konkurrieren zunehmend bei der Nutzung der Landflächen und der Energieinhalt der hergestellten Kraftstoffe Biodiesel (aus Raps) und Bioethanol (aus Mais) übersteigt kaum den Gesamtenergieaufwand zu ihrer Herstellung. Effiziente Herstellungsverfahren für Kraftstoffe der zweiten Generation, die die Gesamtpflanze nutzen, müssen noch entwickelt werden.

Damit verbleibt als Kraftstoff der Einsatz von Wasserstoff mit seinem für Magerbetrieb sehr gut geeigneten Zündverhalten, der in konventionellen Verbrennungsmotoren umfassend untersucht wurde. Wir werden auf diese Verwendung von Wasserstoff im 6. Kapitel eingehen. Hier müssen wir aber feststellen, dass wir die o. g. maximalen Wirkungsgrade auch bei Wasserstoffbetrieb nicht übertreffen können. Durch den geringeren volumenbezogenen Heizwert von Wasserstoff ergibt sich außerdem auch nur eine geringere Leistung des Motors im Vergleich zu anderen Kraftstoffen.

2.3   Einsatz regenerativer Energien im Verkehr

Endlichkeit der fossilen Energieträger und die CO_2-Problematik des Klimawandels fordern die Umstellung unserer Energieversorgung auf erneuerbare Energieträger, so dass wir letztlich auch einen emissionsfreien Verkehr erhalten. Damit wird vor allem regenerativ bereitgestellter Strom zur Grundlage der zukünftigen Systemlösungen.

Im Hinblick auf minimale Wandlungsverluste hat die direkte Nutzung dieses Stroms Vorrang vor einer Speicherung mit zusätzlichen Wandlungsverlusten. Schienen- bzw. (ober-) leitungsgeführte Transportsysteme (Bahn, O-Busse, eHighway-LKW-Konzept) glänzen dabei mit mini-

malen Verlusten, benötigen aber große Investitionen in die Verkehrsinfra-
struktur und sind für den Flächenverkehr und die individuelle Mobilität
nicht einsetzbar.

Problematisch ist somit der Straßenverkehr, da jedes Fahrzeug den
Kraftstoff selbst mitführt. Bei begrenzter Reichweite und Leistungen
können dies Batteriesysteme leisten. Für größere Distanzen und Ener-
giebedarfe werden mit regenerativem Strom produzierte Kraftstoffe
erforderlich. Bleiben die klassischen Verbrennungsmotoren Hauptträ-
ger der Mobilität, wird allerdings nur maximal 1/3 der Energie der
Kraftstoffe in Bewegungsenergie umgesetzt, fast unabhängig von deren
nachhaltiger regenerativer Erzeugung.

Biokraftstoffe wie Biodiesel bzw. Bioethanol können nur regional bei
günstigen Voraussetzungen (einschließlich der politischen Rahmenbe-
dingungen) eine tragende Funktion übernehmen. Während das Ethanol
aus Zuckerrohr in Brasilien den achtfachen Energieinhalt der zur Erzeugung eingesetzten Energie aufweist, wird beim mitteleuropäischen
Rapsanbau der Energieaufwand nur auf den Biodiesel übertragen, die
3,5fache Energiemenge in Stroh, Glycerin und Rapskuchen steht leider
nicht als Kraftstoff zur Verfügung [5]. Biokraftstoffe der zweiten Generation übertreffen zwar theoretisch den brasilianischen Alkohol, sind
aber in den Verfahrensschritten noch deutlich von der Wirtschaftlichkeit
entfernt.

Naheliegend ist daher die chemische Speicherung von grünem Strom
in Form von Wasserstoff. Die Orientierung auf Wasserstoff und seine
Verbindungen impliziert die Nutzung der weltweiten Wasservorräte für
seine Herstellung mit Elektrolyseuren bei gleichzeitiger Freisetzung von
Sauerstoff. Die Nutzung in Verbrennern würde durch die Wirkungsgrad-
grenzen dieser Motoren einen ineffizienten Schritt in der Nutzungskette
belassen. Mit Brennstoffzellen stehen jedoch bis zu doppelt so effiziente Wandler zur Verfügung, da sie nicht der Carnot-Gleichung unter-
liegen. Bei ihnen wird die chemische Energie des Wasserstoffs direkt
in elektrische Energie überführt, also insbesondere ohne den thermisch-
mechanischen Zwischenschritt der Verbrennungsmotoren. Wir werden
uns im Folgekapitel mit ihnen beschäftigen, benötigen hier aber noch
eine wichtige Information aus der in Brennstoffzellen ablaufenden „laut-
losen" Knallgasreaktion. Das entstehende Wasser wird meist als Wasserdampf in der Abluft aus der Brennstoffzelle heraustransportiert. Die-

se im Dampf enthaltene Kondensationswärme ist leider nicht direkt in elektrischen Strom wandelbar, sie ist aber bei der Produktion des Wasserstoffs aufzubringen und stellt 17 % des erforderlichen Energieaufwandes dar. Insofern „belastet" die Kondensationswärme viele Überlegungen zur chemischen Wasserstoffspeicherung, da in der Wandlungskette meist Wasser zu- und Wasserdampf abgeführt wird.

Die direkte Speicherung von Wasserstoff ist etwas schwierig, wie wir im 5. Kapitel zur Kenntnis nehmen werden. Daher ist es die weltweite Verfügbarkeit von Wasser und erneuerbaren Energien, die die Suche nach chemischen Wasserstoffträgern antreibt. Wären sie auch noch flüssig, ungiftig und schwer entflammbar, so wäre der Übergang auf sie als zukünftigen Kraftstoff recht einfach. Die Tankstellen wie auch die Fahrzeuge müssten nur einen Tank für den vom Wasserstoff „entladenen" Wasserstoffträger bekommen. An der Tankstelle oder zentral würde der Wasserstoffträger wieder mit (elektrolytisch erzeugtem) Wasserstoff beladen werden. Dafür geeignete meist aromatische LOHC-Flüssigkeiten (liquid organic hydrogen carrier) werden bereits von japanischen Unternehmen großtechnisch getestet.

Mit diesen H_2-Trägern umgehen wir ein Problem, das wasserstoffreiche Kohlenwasserstoffe als Alternativkraftstoffe haben. Bei der vollständigen Umsetzung entsteht Kohlendioxid, das derzeit nur mit Aufwand gebunden und damit im Kreislauf gehalten werden kann. Interessant wäre daher die Beschränkung auf eine teilweise Oxydation, wie wir in Abb. 2.3 an der Oxydationskette des Methan erkennen können. Am Beginn steht Wasserstoff, der mit Kohlendioxid im Sabatierprozess zu Methan umgesetzt werden kann. Im Weiteren könnte Methanol nur zur Ameisensäure oxidiert und dann diese wieder regeneriert werden. Leider wird dabei natürlich nur ein Teil des Energieinhalts dieser flüssigen Kraftstoffe genutzt. Folglich hätte ein PKW mit dem Kraftstoffsystem Methanol/Ameisensäure einen etwa fünfmal größeren Tank als heutige Fahrzeuge.

Außerdem ist die Giftigkeit eines potenziellen Kraftstoffs ein Ausschlusskriterium. So war eine auf Methanol basierende Energiewirtschaft bereits in den 1990er Jahren wegen der sehr ausgereiften großchemischen Produktionsprozesse intensiv untersucht worden. Die toxischen Eigenschaften des Methanols bewogen dann aber zur Aufgabe dieser Planungen.

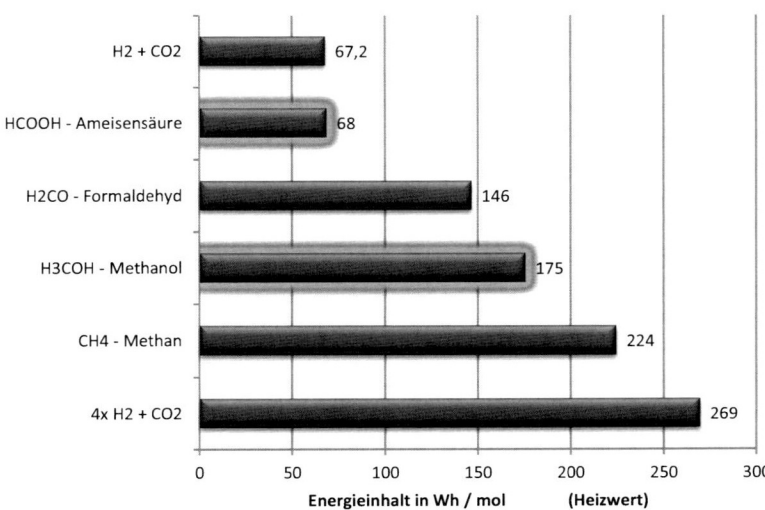

Abb. 2.3 Auf 1 mol Methan (22,4 l bzw. 16 g) bezogene Energieinhalte bei der Speicherung von Wasserstoff als Methan bzw. seinen Oxidationsprodukten

Den derzeitigen Stand und die zukünftigen Potenzen beim Kraftstoffeinsatz reflektiert die europäische Studie zur Effizienz der verschiedenen Wandlungspfade für die Mobilität, wobei vor allem Batterie-, Hybrid und Brennstoffzellen-Elektrofahrzeuge den mit Bio- und fossilen Kraftstoffen betriebenen Verbrennungsmotoren gegenüber gestellt wurden [3].

Demnach kann nach Abb. 2.4 mit Wasserstoff-Brennstoffzellenantrieben bei unverändertem Mobilitätsverhalten ca. 1/3 der eingesetzten regenerativen Energie für die Fortbewegung nutzbar gemacht werden. Die lfd. Kosten liegen bei ca. 10 Euro/100 km, wenn man einen Verbrauch von 1 kg Wasserstoff je 100 km bzw. 30 kWh wie beim Mercedes F-Cell ansetzt. Der Wasserstoff wird bei dieser Abschätzung zum (heutigen) Preis von 10 €/kg an den Tankstellen abgegeben, z. Z. ist allerdings nur die Mehrwertsteuer eingepreist.

Reine Batteriefahrzeuge im Kurzstreckenverkehr können bei einem Bedarf von 15 kWh/100 km folglich mit der Hälfte der lfd. Energiekosten bewegt werden. Dies spiegelt die rein elektrische Wandlungskette vom

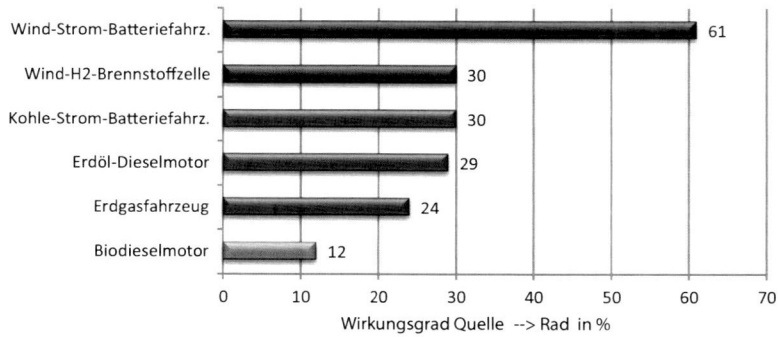

Abb. 2.4 Wirkungsgrade von Wandlungsketten der Energiebereitstellung (well to wheel) [3]

grünen Strom zum Antriebsmotor mit etwa 60 % Gesamtwirkungsgrad wieder, da die direkte Stromspeicherung in Batterien weniger Verluste aufweist als die Um- und Rückwandlung über einen speicherbaren chemischen Energieträger.

Mit beiden Konzepten werden derzeit erste Erfahrungen gemacht und weitere Entwicklungen angestoßen. Mobilität zum Nulltarif ist letztlich nicht möglich, da wir immer Energie für das Fahrzeug oder unsere eigenen Muskeln bereitstellen müssen. So sollten wir schon aus Effizienzerwägungen heraus versuchen, die für das Wohlbefinden notwendige körperliche Beanspruchung aus dem Fitness-Center wieder in den täglichen Tagesablauf zu verlegen. Der Weg zur Arbeitsstelle – mit dem Fahrrad oder teilweise zu Fuß zurückgelegt – würde dann nur indirekt über unsere Ernährung gegenzurechnen sein.

Da der Einsatz erneuerbarer Energien mit einer entsprechenden Flächennutzung einhergeht, sind in Abb. 2.5 die sich aus den Kraftstofferträgern ergebenden Kfz-Reichweiten von einem Hektar Land nach Erhebungen der LBST zusammengestellt [4]. Wasserstoff aus PV-Elektrolyse in Brennstoffzellenfahrzeugen liefert die größten Reichweiten und könnte bei 12.000 km jährlicher Fahrleistung 73 PKW versorgen. Nur etwa 10 % dieser Werte erreicht biogener Wasserstoff, der damit noch etwas besser als die Nutzung von Biogas in Verbrennungsmotoren ist. Energiepflanzen benötigen die Gesamtfläche, PV-Anlagen belegen praktisch

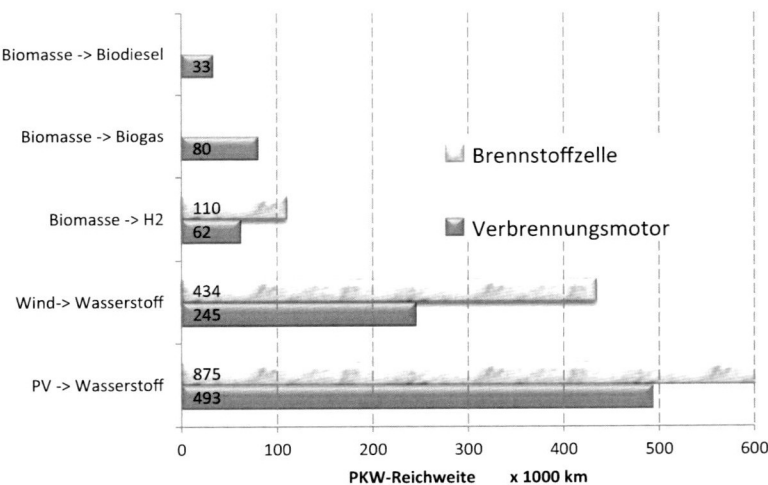

Abb. 2.5 Reichweite der Kraftstoffproduktion von einem Hektar Land [3]

nur etwa 33 %. In beiden Fällen ist eine anderweitige intensive landwirtschaftliche Nutzung kaum möglich, während die Windenergienutzung mit ihrem geringen Flächenverbrauch keine Konkurrenz zur landwirtschaftlichen Nutzung darstellt.

Literatur

[1] Chester MV, Horvath A (2009) Environmental assessment of passenger transportation. Environ, California (Res. Lett. 4, April/June)

[2] Braess HH, Seiffert U (2011) Handbuch Kraftfahrzeugtechnik. Springer Vieweg, Wiesbaden

[3] EFCH, NOW et al (2010) Die Rolle von batteriebetriebenen Elektrofahrzeugen, Plug-in Hybridfahrzeugen und Brennstoffzellenfahrzeugen (Studie). www.zeroemissionvehicles.eu

[4] Ludwig-Bölkow-Systentechnik GmbH (2010) Wasserstoff und Brennstoffzellen – starke Partner erneuerbarer Energiesysteme, 2. Aufl. www.dwv-info.de

[5] Palosi D, Varga ZB (2007) Rentabilitätsanalyse der Kraftstoffherstellung aus Raps (ACTA AGRONOMICA ÓVÁRIENSIS, VOL. 49. NO. 1., S. 61–71)

Brennstoffzellen als effiziente Energiewandler

3

Die Brennstoffzelle ist eine größere zivilisatorische Leistung als die Dampfmaschine und wird schon bald den Siemens'schen Generator in das Museum verbannen (Wilhelm Ostwald 1884).

Zusammenfassung

Im Wettbewerb um die rationellsten Umformung und Speicherung regenerativer „grüner" Energie, um unsere Bedürfnisse hinsichtlich der Versorgung mit Energie in Form von Wärme, Strom und Kraftstoffen zu erfüllen, kommt den Brennstoffzellen eine immens wichtige Rolle zu. Sie können in einem Schritt chemische Energie in elektrische Energie wandeln und sind damit etwa doppelt so effizient wie unsere klassischen Verbrennungsmotoren. Dies ist der Hintergrund der gegenwärtigen Entwicklungsanstrengungen, um die passenden Brennstoffzellen für die Autoindustrie, aber auch für die zuverlässige Stromversorgung bei Windflaute und in der Nacht als auch für die Wärme-/Kälteversorgung zu entwickeln. Motivation genug, um nicht nur nach der inneren Funktion dieser elektrochemischen Wandler sondern auch nach den physikalischen Grenzen dieser Technik zu fragen.

3.1 Was sind Brennstoffzellen?

Die ersten Brennstoffzellen wurden bereits im Jahr 1838 zeitgleich von Christian Friedrich Schönbein in der Schweiz und Sir William Grove in England untersucht und als Umkehrung der Elektrolyse gedeutet. Wer-

J. Lehmann und T. Luschtinetz, *Wasserstoff und Brennstoffzellen*,
Technik im Fokus, DOI 10.1007/978-3-642-34668-2_3,
© Springer-Verlag Berlin Heidelberg 2014

den Platinelektroden von Sauerstoff bzw. Wasserstoff umspült, kann zwischen ihnen eine Spannung abgegriffen werden. Die Wandlung der chemischen Energie des Knallgases direkt und ohne Zwischenschritt in elektrische Energie ist der große Vorteil der „Galvanischen Gasbatterien", wie sie anfänglich genannt wurden. Auf der Suche nach einer elektrischen Energiequelle kam diese Erfindung eigentlich zum richtigen Zeitpunkt. Die Überführung in eine zuverlässige technische Lösung mit den bereits von Wilhelm Oswald theoretisch abgeschätzten hohen Wirkungsgraden sollte aber noch mehr als einhundert Jahre benötigen. Erst nachdem alkalische Brennstoffzellen bei den Apollo-Mondmissionen in den 1960er Jahren als zuverlässige Energielieferanten gedient hatten, interessierten sich Autoindustrie und Marine intensiver für diese effizienten direkten Energiewandler.

Die dazwischen liegenden Jahrzehnte intensiver Laborarbeit gleichen fast der Suche nach dem Stein der Weisen, wurden doch die verschiedenen Brennstoffzellentypen und Brennstoffe hinsichtlich ihrer technischen Nutzbarkeit untersucht. Dazu zählt vor allem auch die Direkt-Kohlenstoff-Brennstoffzelle, die eine direkte Verstromung von Kohle ermöglicht und damit Kohlekraftwerke revolutioniert hätte. Sie befindet sich noch immer im Laborstadium – und würde unser Kohlendioxid-Problem bei der Kohlenutzung auch nicht lösen können.

Der lange Werdegang der Brennstoffzelle ist mit ihrem anspruchsvollen chemisch-verfahrenstechnischen Innenleben verbunden. In der ersten Phase der Beschäftigung mit ihr sollte man sie daher einfach als Black-Box wie in Abb. 3.1 ansehen. Diese wird mit einem Brenn- bzw. Kraftstoff und der zugehörigen Verbrennungsluft versorgt. Als Brennstoff sind reiner Wasserstoff, fast alle bekannten Kohlenwasserstoffe und wie bereits erwähnt, reiner Kohlenstoff möglich. Das meist am einfachsten verfügbare Oxidationsmittel ist Umgebungsluft mit dem darin enthaltenen Sauerstoff (21 %).

Im Innern der Brennstoffzelle wird der Kraftstoff entsprechend Abb. 3.2 mit Hilfe von Katalysatoren in zwei Reaktionsschritten bei relativ niedrigen Temperaturen „verbrannt", d. h. oxidiert. An der negativen Elektrode – der Anode – gibt der Brennstoff zunächst Elektronen ab, die über den äußeren Anodenanschluss zum Verbraucher und von diesem zur positiven Kathode gelangen. Dort nimmt meist Sauerstoff als Oxidationsmittel die Elektronen auf und wird zum Sauerstoff-Ion

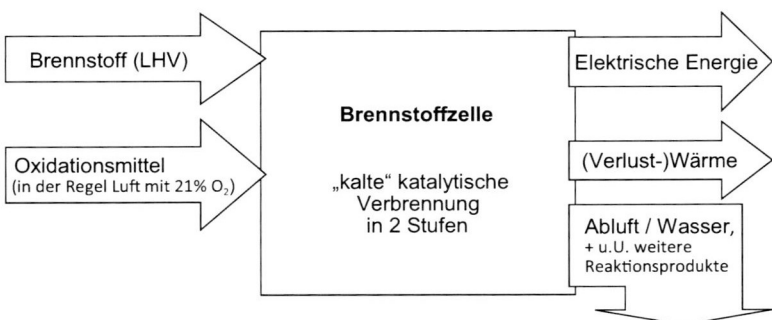

Abb. 3.1 Energie- und Stofffluss einer Brennstoffzelle

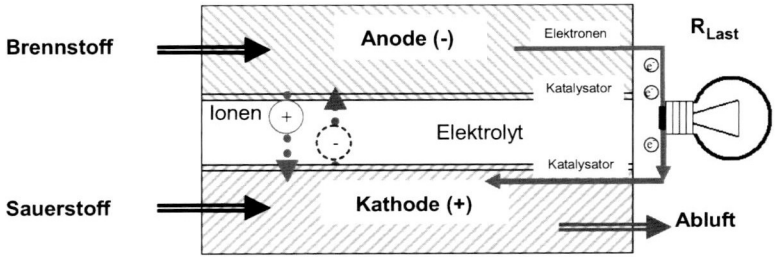

Abb. 3.2 Innere Abläufe in einer Brennstoffzelle (Prinzip)

O^{2-}. Die Ionen von Brennstoff und Oxydationsmittel müssen nun nur noch miteinander die Endprodukte bilden können. Dazu werden sie im Innern der Brennstoffzelle über spezielle feste oder flüssige Elektrolyte als „Ionenleiter" zwischen den Elektroden ausgetauscht. Als Elektrolyte kommen z. B. Kalilauge und Phosphorsäure, aber auch befeuchtete Kunststoff-Folien mit Säureverhalten und sogar Keramiken bei ca. 800 °C Arbeitstemperatur zum Einsatz.

„Verbrennungsprodukte" – im Regelfall mindestens Wasser(dampf) – entstehen daher je nach Brennstoffzellentyp an der Anode oder/und Kathode. Sie müssen kontinuierlich nach außen abgeführt werden, da sie sonst den Fortgang der Reaktion behindern würden.

Durch diese Aufteilung in die zwei Teilreaktionen, die Elektronen über den externen Draht als Ladungsträger miteinander austauschen, erhält man einen großen Teil der frei werdenden Energie direkt als elektrische Energie. Dazu ist ein äußerer elektrischer Verbraucher an die beiden Elektroden anzuschließen. Das Produkt aus Klemmenspannung und Strom ist die elektrische Nutzleistung P_{el} der Brennstoffzelle.

$$P_{el} = U_{bz} \cdot I_{bz}$$

In diesem Prozess ist ein gewisser Anteil Verlustwärme jedoch nicht zu vermeiden: Alle Elektronen- und Ionenleiter besitzen einen elektrischen Widerstand und die chemische Reaktion benötigt für den Ablauf an den Elektroden Aktivierungsenergie. Dadurch wird der mit dem Heizwert des Brennstoffs gegebene „chemische Energieinhalt" in elektrische Energie und Wärmeenergie überführt. Der Nennarbeitspunkt der einzelnen Brennstoffzelle wird dabei meist so ausgelegt, dass 50 % der chemischen Energie als elektrische Energie erhalten werden, der Rest als Wärme. Dieser schon gute Wirkungsgrad von 50 % erhöht sich, wenn die Brennstoffzelle bei Teillast, also geringerer Leistung, betrieben wird.

In der Brennstoffzelle entstehen wie beim Verbrennungsmotor die zum jeweiligen Kraftstoff gehörigen Verbrennungsprodukte, die möglichst kontinuierlich abzuführen sind. Mit Wasserstoff als Brennstoff ist das folglich nur der von der Knallgasprobe bekannte Wasserdampf und damit die sauberste Form kraftstoffbasierter Mobilität. Bei Ethanol, Erdgas u. a. kohlenstoffhaltigen Energieträgern entsteht mindestens auch Kohlendioxid. Durch die meist niedrigen Arbeitstemperaturen fehlen im Abgas einer Brennstoffzelle im Vergleich zu den Verbrennern allerdings Stickoxide.

Die Kondensationswärme des entstehenden Wassers
In der Brennstoffzelle entsteht im Regelfall Wasserdampf als Oxidationsprodukt des beteiligten Wasserstoffs. Werden 100 % relative Feuchte erreicht, kondensiert der Wasserdampf und die entstehenden Wassertropfen können den Gastransport behindern. Gleichzeitig wird die Kondensationswärme frei, die nur über die

Abwärme nutzbar ist und nicht direkt in elektrischen Strom wandelbar ist. Als elektrische Energie ist physikalisch gesehen nur die freie Enthalpie (Gibbs free enthalpy) des eingesetzten Kraftstoffs nutzbar, die weitestgehend mit dem (unteren) Heizwert (LHV = lower heating value) korrespondiert. Der Heizwert sollte daher stets Bezugswert der Leistungsbetrachtungen an der Brennstoffzelle sein, da er sehr gut das bereits von Wilhelm Ostwald gefundene theoretische Maximum der Stromlieferung dieser elektrochemischen Wandler beschreibt. Im Niedertemperaturbereich ist der Heizwert so mit der reversiblen Leerlaufspannung einer PEM-Brennstoffzelle von 1,23 V verbunden.

Der mittlerweile in Wärmesystemen als Bezugsmaß genutzte Brennwert oder obere Heizwert (HHV = higher heating value) führt zu der höheren thermoneutralen Spannung von 1,48 V. Brennwertheizungen koppeln eben auch noch die Kondensationswärme des Wassers aus und liefern damit entsprechend ihrer Aufgabenstellung mehr Wärme als ältere Systeme. In diesen wird die Kondensation des Wasserdampfs in der Abluft durch den „Hochtemperatur"-Schornsteinabzug verhindert, bei Brennwertheizungen ist das anfallende Kondensat abzuführen.

Insofern gehen die aufzubringende Verdampfungs- bzw. anfallende Kondensationswärme in die entsprechenden energetischen Betrachtungen ein und reduzieren meist deutlich die erreichbaren Wirkungsgrade, wenn nicht mit einem durchdachten Wärmemanagement gegengesteuert wird.

Verfahrenstechnisch wird das Reaktionswasser bei Brennstoffzellen dann genutzt, wenn der Wasserdampf für die Reaktion oder die Aufbereitung des Kraftstoffes zum Brenngas bzw. für die Befeuchtung der PE-Membran vor allem bei höheren Betriebstemperaturen benötigt wird. Dazu kann das Kondenswasser direkt oder über wasserdampfdurchlässige Membranen auf die Anoden- bzw. Kathodenseite der Brennstoffzelle transferiert werden – die Reaktionsgase werden also befeuchtet.

Die verschiedenen Brennstoffzellentypen unterscheiden sich nun im Wesentlichen durch den Elektrolyten für die interne Ionenleitung, die möglichen Brenngase bzw. flüssigen Brennstoffe und die Betriebstemperaturen. Dazu werden wir im Schlussabschnitt dieses Kapitels einen Überblick geben.

3.2   Wie funktioniert eine PEM-Brennstoffzelle?

Am häufigsten werden heute Membran-Brennstoffzellen (PEMFC bzw. PEFC = proton exchange membrane fuel cell) eingesetzt, die meist mit Wasserstoff als Brennstoff und Luft als Oxydationsmittel betrieben werden. Grundlage ist die aus dem Schulunterricht bekannte Knallgasreaktion, die hier „langsam" bei moderaten max. 80 °C (bzw. max. 180 °C bei Hochtemperatur-PEM) mit Hilfe spezieller Katalysatoren in zwei Teilschritten abläuft:

$$\text{Anode:} \qquad H_2 \rightarrow 2H^+ + 2e^-$$

$$\text{Kathode:} \qquad 2H^+ + 2e^- + \frac{1}{2}O_2 \rightarrow H_2O$$

$$\text{Gesamtreaktion:} \quad H_2 + \frac{1}{2}O_2 \rightarrow H_2O \,.$$

PEM-Brennstoffzellen nach Abb. 3.3 besitzen dazu als Elektrolyten zwischen Anode und Kathode eine protonenleitende Polymerfolie. Diese ähnelt den in Sport- und Outdoortextilien eingesetzten Membranen, die dort den gewünschten Feuchtetransfer bei gleichzeitiger Winddichtheit ermöglichen. In PEM-Brennstoffzellen sind diese beiden Eigenschaften ebenfalls notwendig. Die Gasdichtheit der befeuchteten Membrane verhindert durch Trennung der Gase Wasserstoff und Sauerstoff sicher eine ungewünschte Knallgasreaktion.

Der Feuchtetransfer ist allerdings in Brennstoffzellen mit dem Ladungstransport gekoppelt: Die von der Anode zur Kathode wandernden Protonen sind dabei von ca. 5 Wassermolekülen umgeben und können erst auf diese Art und Weise die feuchte Protonen-Austausch-Membran passieren. Mangels negativer Ladungsträger sind die feuchten PE-Membranen für Elektronen nicht passierbar. Die optimal feuchte Membran

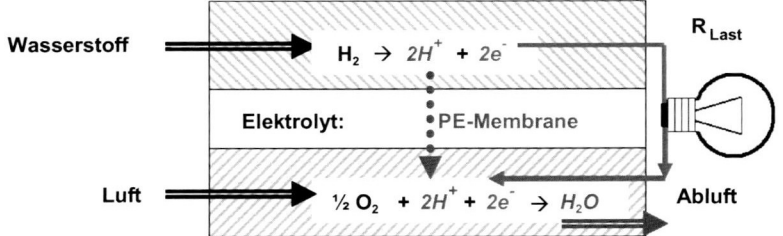

Abb. 3.3   Innere Abläufe in einer PEM-Brennstoffzelle

enthält dabei etwa 30 % Wasser, woraus sich ein Arbeitstemperaturbereich oberhalb des Gefrierpunktes bis etwa 80 °C ergibt.

Wenden wir uns nun den beiden Oberflächen der PE-Membrane zu. Auf der Wasserstoffseite (Anode) werden die Wasserstoffmoleküle chemisch in ihre Bestandteile – Protonen und Elektronen – zerlegt. Dies geschieht in einem vom Brenngas Wasserstoff, dem Katalysator und der befeuchteten Membran gebildeten Dreiphasenraum. Initiator der Umsetzung ist dabei ein Katalysator – z. B. Platin-, Palladium- oder Rutheniumatome. Diese setzten die zu überwindende Energieschwelle für den Beginn der Reaktion drastisch herab. Um möglichst wenig dieser kostenintensiven Metalle einsetzen zu müssen, werden sie entsprechend Abb. 3.4 zum Erreichen einer großen aktiven Oberfläche auf größere Kohlenstoffpartikel geträgert. Die Katalysatoren spalten die Wasserstoffmoleküle zunächst in atomaren und damit reaktionsfreudigen Wasserstoff auf, der dann sein Elektron abgibt. Die Elektronen fließen dabei entsprechend der elektrischen Spannung an der Anode durch die elektrisch leitfähige Gasdiffusionsschicht (GDL = gas diffusion layer) zur Bipolarplatte bzw. Endplatte ab. Die Gasdiffusionsschicht muss folglich ausreichend porös für den Wasserstoff-Gasdurchtritt zur Membran und in Gegenrichtung elektrisch sehr gut leitend für den Elektronenstrom sein.

Auf der Kathodenseite läuft der zweite Teil der Reaktion ab. Dieser beginnt mit dem Aufspalten der Sauerstoffmoleküle in reaktionsfreudigen atomaren Sauerstoff – wiederum unter Mitwirkung von Katalysatoren. Die Sauerstoffatome bilden dann zusammen mit den Protonen, die die PE-Membrane passiert haben und den über den Kathodenan-

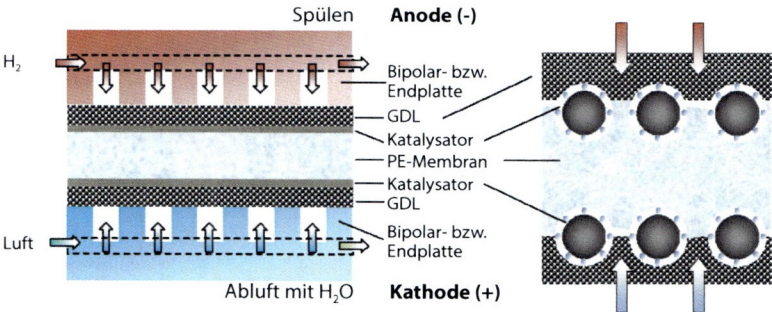

Abb. 3.4 Schematischer Aufbau eines PEM-Einzellers mit Detail der PE-Membran (MEA)

schluss zufließenden Elektronen Wassermoleküle. Dieses Reaktionswasser erhöht die Feuchte der Reaktionsluft und wird mit ihr gemeinsam ausgeschleust. Mit einem guten Feuchtigkeitsregime wird vermieden, dass 100 % relativer Luftfeuchte überschritten werden und kondensierende Wassertropfen den Gastransport in der Gasdiffusionsschicht und den Gaskanälen der Bipolarplatten behindern (Abb. 3.5).

Die von der Anode abfließenden Elektronen erreichen nach dem Passieren der GDL-Schicht die Bipolarplatten. Die Bezeichnung rührt vom Hintereinanderschalten der einzelnen Brennstoffzellen in einem Stapel (= stack) her (Abb. 3.6). Die Leerlaufspannung der Einzelzelle beträgt nur knapp 1,0 V. Durch Reihenschaltung von z. B. 40 Zellen erhält man so gut nutzbare 40 V mit einem derartigen Stack. Das ist ähnlich der Reihenschaltung von Batterien. Die elektrische Kontaktierung bei einem Brennstoffzellenstack erfolgt sozusagen über die Bipolarplatten von Zelle zu Zelle. Diese bestehen daher aus elektrisch gut leitendem Material, damit die Verluste durch den Elektronen-Nutzstrom gering bleiben. Eingesetzt werden z. B. das etwas brüchige Graphit als reiner Kohlenstoff, kohlenstoffhaltige Thermokunststoffe oder speziell beschichtete VA-Stähle. Bipolarplatten verbinden so niederohmig entsprechend ihrem Namen den Minusanschluss der Anodenseite einer Zelle mit dem Plusanschluss der Kathodenseite der Nachbarzelle. Die zweite Funktion besteht im Transport der Gase zu den Elektroden durch in die Ober-

Abb. 3.5 Membrane, GDL, Dichtung und Bipolarplatte einer PEM-BZ

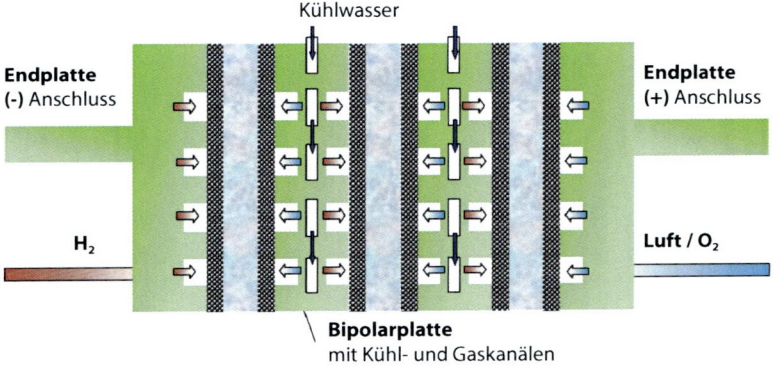

Abb. 3.6 Aufbau eines Stacks

fläche eingelassene Kanäle. Diese sind jeweils zur GDL hin offen und bilden ein Flowfield. Damit trennen sie gleichzeitig die Gasräume benachbarter Zellen und verhindern so auch hier die vorzeitige Reaktion von Wasserstoff und Sauerstoff miteinander. Als dritte Funktion ordnet man den Bipolarplatten gern den Abtransport der Wärme aus der Brennstoffzelle zu, indem entsprechende Kühlkanäle (für Luft oder Wasser) oder Wärmeleitbleche im Innern der (dann oft zweiteiligen) Bipolarplatten angeordnet werden.

3.3   Kennlinie und Wirkungsgrad einer Brennstoffzelle

Der elektrochemische Wandler Brennstoffzelle ist hinsichtlich seines elektrischen Verhaltens einfach beschreibbar. Ausgangspunkt ist dabei die Kennlinie einer PEM-Brennstoffzelle nach Abb. 3.7.

Die Halbreaktionen an den beiden Elektroden bilden bei einer wasserstoffbetriebenen Brennstoffzelle die reversible Leerlaufspannung von 1,23 V, die dem unteren Heizwert des Wasserstoffgases entspricht. Auf Grund von Aktivierungsverlusten an den Elektroden ist die real gemessene Leerlaufspannung einer einzelnen PEM-Brennstoffzelle dann kleiner und liegt bei etwa 0,9 bis 1,0 V. Bei einem Stromfluss fällt nach dem ohmschen Gesetz an den Innenwiderständen aller von Ladungsträgern durchflossenen Komponenten, also an PE-Membrane, Elektroden, GDL,

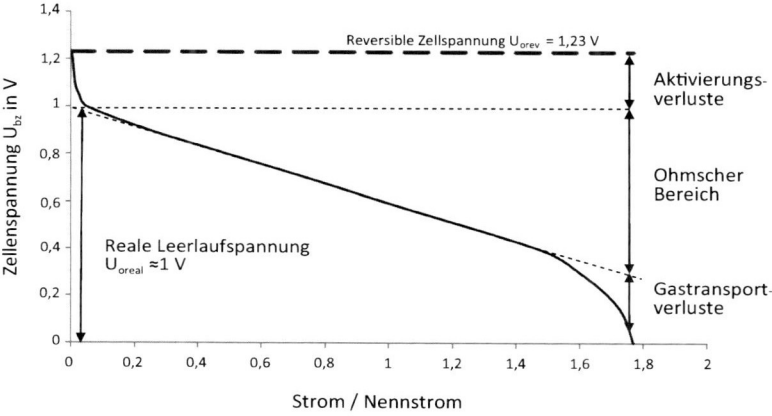

Abb. 3.7 Kennlinie einer PEM-Brennstoffzelle

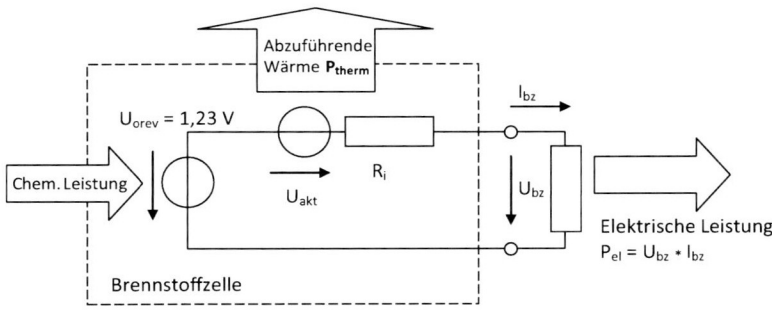

Abb. 3.8 Einfaches elektrisches Ersatzschaltbild einer Brennstoffzelle

Drähten, elektrischen Kontakten usf. zusätzlich eine Spannung ab. Die nutzbare Zellspannung wird so weiter reduziert. Dieser mittlere ohmsche Bereich der Kennlinie zeigt eine lineare Abnahme der Zellspannung mit steigendem Strom. Er korrespondiert mit dem üblichen Arbeitsbereich der Brennstoffzelle. Erst bei höheren Stromstärken (jenseits des Nennstromes), bei denen auch entsprechend mehr Gas die Elektroden durch die Gaskanäle und Gasdiffusionsschichten erreichen müsste, führt der entstehende Gasmangel zu einem weiteren Einbrechen der Spannung. Da die abzuführende Wärme quadratisch ansteigt, sollte in solchen Überlastsituationen eine Abschaltung der Brennstoffzelle erfolgen.

Das einfachste elektrische Modell der Brennstoffzelle in Abb. 3.8 geht von der realen Leerlaufspannung aus und beschreibt den ohmschen Arbeitsbereich mit der einfachen Gleichung

$$U_{bz} = U_{oreal} - R_i I_{bz} \ .$$

Alle Leistungen und der Wirkungsgrad eines Einzellers sind damit vereinfacht über elektrische Kenngrößen anzugeben und lassen sich entsprechend Abb. 3.9 sehr einfach von der Kennlinie der Brennstoffzelle ablesen. Als Produkt von Strom und Spannung erscheinen Leistungswerte grafisch als Rechteckflächen. Damit wird im Nennarbeitspunkt die Aufteilung der zugeführten chemischen Leistung in elektrische und thermische Leistung verständlich. Der elektrische Wirkungsgrad ist damit das Verhältnis der Zellspannung zur reversiblen Zellspannung von

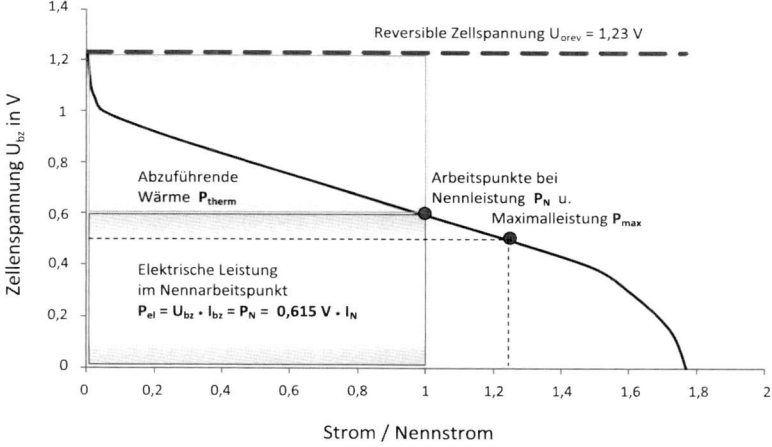

Abb. 3.9 Elektrische und thermische Leistung einer Brennstoffzelle bei Nennleistung

1,23 V. Kann man die Kondensationswärme des Wassers noch auskoppeln, ist die dem Brennwert entsprechende thermoneutrale Zersetzungsspannung des Wassers von 1,48 V an Stelle von 1,23 V einzusetzen und der Wärmeertrag erhöht sich entsprechend.

Für einen Stack mit n-Einzellern in Reihe sind wegen der n-fachen Stackspannung alle Leistungen mit n zu multiplizieren, der Stromwert bleibt gleich. Ein 20-Zeller hat also eine theoretische Leerlaufspannung von 24,3 V, erreicht praktisch an seinen Klemmen aber nur maximal 20 V.

Für die praktische Nutzung der PEM-Brennstoffzellenstacks ergeben sich zwei wichtige Werte entsprechend Abb. 3.10. Bei Nennleistung P_N mit einem elektrischen Wirkungsgrad η_{el} von 50 %, wie ihn fast alle Hersteller ansetzen, beträgt die Zellspannung mit 0,615 V die Hälfte der reversiblen Leerlaufspannung von 1,23 V. Die maximale elektrische Stackleistung wird etwas später am Scheitelpunkt der Leistungskurve bei 50 % der realen Leerlaufzellspannung und somit mit einem Wirkungsgrad von max. 40 % abrufbar.

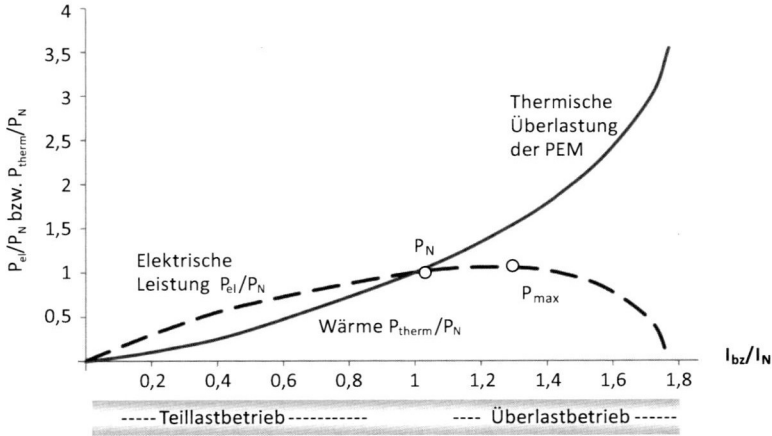

Abb. 3.10 Normierte Leistungskennlinien der PEM-Brennstoffzelle

Diese theoretischen Werte kann das BZ-Gesamtsystem auf Grund der notwendigen (elektrischen) Leistung für die Systemaggregate und weiterer Verluste jedoch nie ganz erreichen.

Die Ausführungen gelten zunächst für eine PEM-Brennstoffzelle bei Wasserstoffbetrieb. Andere Typen, Brennstoffe und Arbeitstemperaturen führen mit ähnlichen Werten der reversiblen Zellspannung, der realen Leerlaufzellspannung und der beteiligten Innenwiderstände zu qualitativ vergleichbaren Ergebnissen.

3.4 Das Brennstoffzellensystem

Der Brennstoffzellenstack mit seinen in Reihe geschalteten Einzelzellen bildet das Herzstück eines Brennstoffzellensystems. Für den automatisierten und optimalen Ablauf der elektrochemischen Reaktion sind nach Abb. 3.11 aber weitere mechanische und elektrische Komponenten notwendig, die bei Kraftwerken auch unter dem Begriff BOP (balance of plant) zusammengefasst werden.

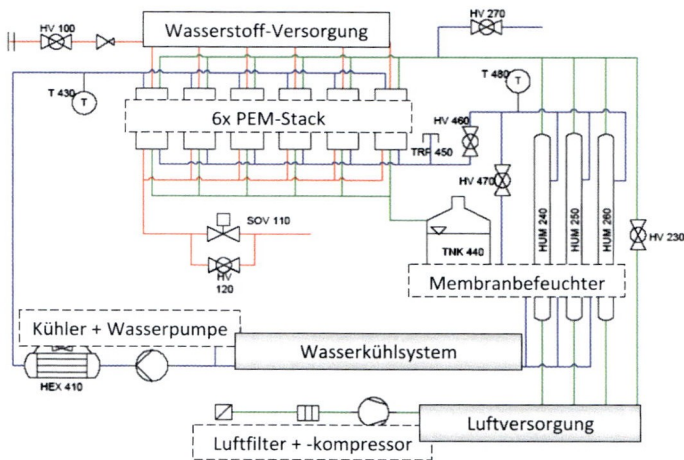

Abb. 3.11 Brennstoffzellensystem mit Systemaggregaten [1]

Benötigt werden zuverlässige fluidische Systeme zur Kühlung, Brennstoff- und Luftversorgung, als auch Spannungswandler zur Wandlung der elektrischen Energie auf das gewünschte Spannungsniveau und natürlich eine Gesamtsteuerung einschließlich Sicherheitstechnik. Diese komplexen Anforderungen haben dazu geführt, dass die Anbieter neben kompletten Brennstoffzellensystemen zunehmend Stacks mit einer Minimalperipherie inkl. Steuerung anbieten, die der Nutzer recht einfach in seine Anwendung integrieren kann.

Wasserstoffversorgung An Wasserstofftankstellen wird Wasserstoff 5.0 mit einer Reinheit von 99,999 % und Drücken von 70 MPa bzw. (noch) 35 MPa, also 700 bzw. 350 bar abgegeben, der in einem Drucktank in den Fahrzeugen gespeichert wird. Das Druckniveau in einer Brennstoffzelle liegt jedoch oft nur bei mehreren 100 mbar, denn eine 100 µm dicke PE-Membrane hält typischerweise nur 1 bar Differenzdruck stand. Daher muss der Druck des Tanks durch ggf. mehrstufige mechanische Druckreduzierer sicher auf diesen niedrigen Betriebsdruck in der Brennstoffzelle abgesenkt werden. In der Kette vorzusehen sind weitere Ventile vor der eigentlichen Brennstoffzelle, die im Gefahren-

fall selbsttätig schließen bzw. manuell im Wartungsfall betätigt werden
können. Für den Anodenauslass der Brennstoffzelle wird noch ein Spül-
oder Purgeventil benötigt. Dies ist im Regelfall geschlossen und wird
zyklisch nur sehr kurz geöffnet, um Restgase des Anodenraumes aus-
zublasen. Anspruchsvollere Systeme binden hier eine Rezirkulation des
Wasserstoffs ein, indem z. B. der Anodenauslass über eine Venturidüse
wieder auf die Wasserstoffzufuhr geschaltet wird.

Luftversorgung   Da als Kathodengas i. d. R. der Luftsauerstoff fungiert,
wird die Zuluft meist mit einem Kompressor durch ein Luftfilter an-
gesaugt. Die Reaktionsluft wird dabei mit dem notwendigen Luftüberschuss ($\lambda > 2$) in den Kathodenraum gedrückt. Sonst würde durch den
Sauerstoffverbrauch am Ende der Gaskanäle nur weniger als 10 % Sauerstoff in der verbliebenen Luft für die Reaktion in diesem Bereich der
Membrane zur Verfügung stehen. Der Abluftstrom ist folglich nicht nur
durch das Reaktionswasser befeuchtet, sondern auch sauerstoffarm und
kann z. B. beim Einsatz in Flugzeugen das Brandrisiko im Frachtraum
deutlich reduzieren.

Eine Befeuchtung der zugeführten Kathoden-Luft wird bei PEM-
Hochleistungssystemen für PKW mit den dort höheren Stackarbeitstem-
peraturen von 80 °C und Leistungen größer als 50 kW erforderlich. Dazu
setzt man Gegenstrombefeuchter ein, die im Prinzip wie eine Brennstoffzelle aber ohne Katalysatorausstattung aufgebaut sind. Warme, mit
Reaktionsfeuchte beladene Abluft gibt ihre Feuchtigkeit und Wärme
in diesem Befeuchter über eine Membran an die auf der anderen Seite
zugeführte Umgebungsluft ab.

Im Kleinleistungsbereich bis 500 W sind sehr einfache PEM-Systeme
mit offener Kathode als selbstbefeuchtende Systeme möglich. Hier reicht
dann ein Lüfter für Luftversorgung und Kühlfunktion aus (Abb. 3.12).

Kühlung/Wärmeauskopplung   Die Kühlung von (PEM)-Brennstoff-
zellen der kW-Klasse ähnelt den Lösungen bei Verbrennungsmotoren,
denn es sind ähnliche Wärmemengen auszuschleusen. Dies gelingt bei
Leistungen um 1 kW noch mit einer Luftkühlung, darüber werden aber
wassergekühlte Systeme zwingend. Eine Pumpe treibt dabei den Kühl-
kreislauf an, der einen meist festen Bypass parallel zum eigentlichen
Kühler und Befeuchterzweig besitzt (Abb. 3.13).

Abb. 3.12 Kleinbrennstoffzelle mit offener Kathode (Heliocentris)

Dadurch kann die Temperaturdifferenz über dem Stack ausreichend gering gehalten werden. Starke Temperaturunterschiede in der
Membranebene würden nämlich zu Bereichen mit Kondenswasser bzw.
Überhitzung und Austrocknung (Hotspots) führen, in denen die elektrochemische Umsetzung nicht optimal abläuft.

Steuerung – Anfahren, Abfahren, Sicherheit Nur der automatisierte
Betrieb einer Brennstoffzelle entlastet den Nutzer von der nervenauf-

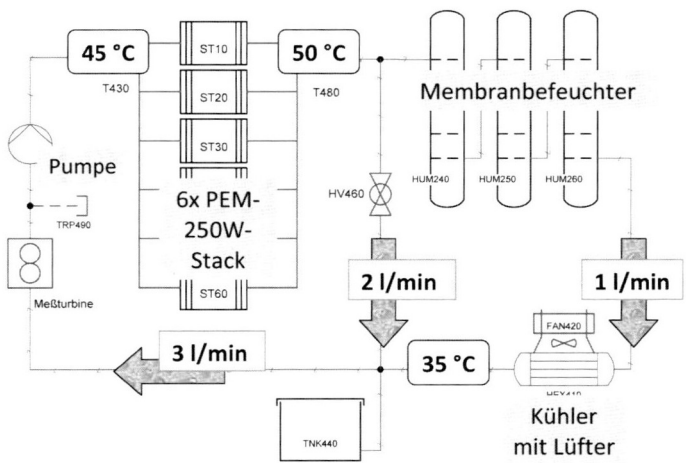

Abb. 3.13 Wasserkühlung eines PEMFC-Systems bei 1 kW Kühlleistung [1]

reibenden Bedienung und Einstellung der Ventile und weiterer Komponenten. Im Idealfall startet die Brennstoffzelle bei Leistungsanforderung entsprechend Abb. 3.14 mit einem Warmup-Programm von ca. 20 s (bei den Marktführern). Ab diesem Zeitpunkt ist dann die Nennleistung im Normalbetrieb abrufbar, die Start- und Pufferbatterie wird für diese Versorgung im Minutenbereich ausgelegt, um z. B. beim Start eines Notstromaggregats sofort Leistung bereitstellen zu können.

Überlastsituationen und Aggregatfehler, die ein Absinken der Spannung deutlich unter die Nennspannung der Brennstoffzelle bewirken, werden zunächst durch Lastabschaltung abgefangen und führen mit einem Neustartprogramm wieder in den Normalbetrieb oder bei Misserfolg zum Herunterfahren des Systems.

Diese Außerbetriebnahme kann auch extern angefordert werden, wenn z. B. die Pufferbatterie voll geladen ist und kein weiter Leistungsbedarf besteht. Bei Frostgefahr wird dann die PE-Membran durch erhöhten Luftdurchsatz getrocknet, ansonsten reichen Lastabwurf und Schließen der Brenngasventile meist aus. Die z. T. von den Stackproduzenten vorgegebenen speziellen Abfahrprogramme reduzieren die

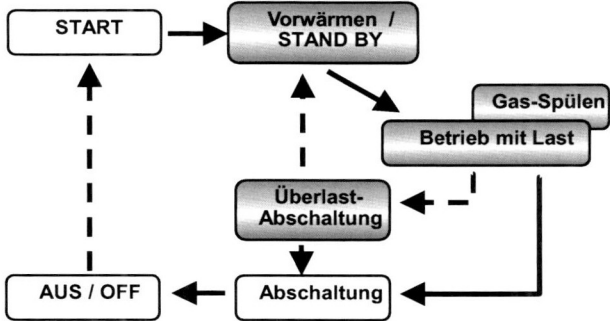

Abb. 3.14 Einfaches Steuerungsprogramm eines PEM-Brennstoffzellensystems

Degradation der Stacks im Alltagsbetrieb und werden für den Serieneinsatz weiter verbessert.

Neben dem Wärmehaushalt mit Regelung der Stacktemperatur und des Temperaturabfalls über dem Stack ist die optimale Einstellung der Membranfeuchte eine wichtige Aufgabe des Steuerungssystems. Da für letztere keine robusten Sensoren zur Verfügung stehen, sind eine Vielzahl indirekter Verfahren von den Herstellern entwickelt und in ihren Systemen implementiert worden, die oft einfach die oben beschriebene Brennstoffzellenkennlinie auswerten.

Anpassung der abgegebenen elektrischen Leistung Die mit einer Brennstoffzelle bereitgestellte elektrische Leistung wird bei den meisten Systemen über die Brennstoffzellenkennlinie lastgeführt abgerufen. Je nach sich einstellendem Arbeitspunkt wird also ein Lastwiderstand, elektrischer Motor oder ein Laderegler eine elektrische Leistung erhalten. Dazu stellt sich der entsprechende Brennstoffdurchfluss selbsttätig ein, so lange ein ausreichender Überdruck in der Wasserstoffversorgung vorhanden ist. Diese Betriebsart wird als Dead-End-Betrieb bezeichnet, d. h. das Wasserstoff-Auslassventil ist geschlossen und wird nur kurz zum Ausspülen von sich im Kanalende ansammelnden Restgasen geöffnet (Purgen). Dieses Restgas kann i. d. R. in die Raumluft abgegeben werden, da die Konzentration weit unterhalb jeder Gefährdung liegt.

Der notwendige Sauerstoff wird mit einem Luftüberschuss bereitgestellt. Dazu kann die notwendige Leistung des Luftkompressors aus dem Arbeitspunkt berechnet werden und zusätzliche Durchflusssensoren werden verzichtbar. Bei einigen BZ-Systemen wird die Brennstoffzelle mit wenigen fixen Brenngasvolumenstromwerten beaufschlagt, um z. B. einen für die Brenngasaufbereitung notwendigen Reformer in optimalen Arbeitspunkten zu betreiben. Der nicht verbrauchte Brennstoff muss dann nach dem Passieren der Brennstoffzelle geeignet (z. B. mit einem Nachbrenner) umgesetzt werden, um die Anreicherung von Brenngasen in der Abluft sicher auszuschließen.

3.5   Weitere Brennstoffzellentypen und ihre Anwendungen

In Brennstoffzellen können sehr verschiedene Energieträger durch eine elektrochemische Reaktion „verbrannt" – also oxydiert – werden, wobei die frei werdende Reaktionsenergie direkt als elektrische Energie und Wärme erhalten wird. Diese Reaktionen erfolgen bei Umgebungstemperatur in Niedertemperatur-Brennstoffzellen wie den PEM-BZ und alkalischen Brennstoffzellen bis etwa 80 °C, bei mittleren Temperaturen in Hochtemperatur-PEM-BZ (160 °C) und phosphorsauren Brennstoffzellen (bis 400 °C) bzw. in Hochtemperaturbrennstoffzellen (MCFC, SOFC und Direkt-Kohlenstoff-BZ bis 1000 °C). Die höheren Temperaturen erlauben dabei meist deutlich kostengünstigere Katalysatoren und reduzieren die Anforderungen an die Reinheit des Brenngases. Dem stehen die erhöhten Anforderungen an die Wärmewechselbeständigkeit der Konstruktionen bei größeren Abmaßen bzw. entsprechende Mindestgrößen der Systeme entgegen. Hinsichtlich der Investitionskosten sind die 800 Euro/kW klassischer Kohlekraftwerke eine Zielgröße, die von BZ-Systemen derzeit noch mit dem Faktor 2 bis 10 verfehlt wird.

Der gegenwärtige Entwicklungsstand der verschiedenen BZ-Typen wird im Folgenden kurz vorgestellt:

AFC – Alkalische Brennstoffzelle (50–120 °C)   Die alkalische Brennstoffzelle (AFC – alkaline fuel cell) nach Abb. 3.15 wurde ab 1930 von

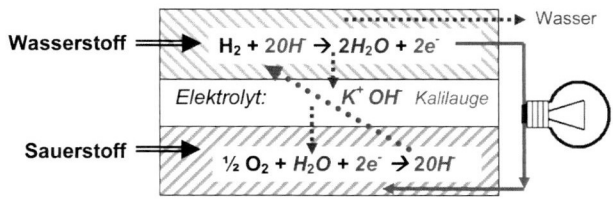

Abb. 3.15 Funktionsprinzip der Alkalischen Brennstoffzelle

F.T. Bacon entwickelt. Sie bildete die Grundlage für die Stromversorgung im Apollo-Programm und wurde in den Space Shuttles der NASA eingesetzt. Da an Bord der Raumschiffe reiner Wasserstoff und Sauerstoff mitgeführt werden, entfällt bei diesen Anwendungen das CO_2-Problem: Die AFC erfordert nämlich kohlendioxidfreie Gasversorgungen, da die in den alkalischen Elektrolyten NaOH bzw. KOH sonst ausfallenden Karbonate die porösen Elektrodenstrukturen zusetzen. 2001 baute die britische ZeTek-Firmengruppe in Köln eine Fertigung für die Produktion von Modulen für einen Zielpreis von 2000 Dollar/kW auf, die real doppelt so hohen Kosten führten zur Insolvenz. Mit einer Kalk-Natron-Wäsche können die 0,5 g CO_2 je kg Luft zwar technisch sicher gebunden werden, die relativ geringe Leistungsdichte hat jedoch bisher die breitere Anwendung der AFC verhindert.

DMFC – Direkt-Methanol-Brennstoffzelle (5–60 °C) Die Direkt-Methanol-Brennstoffzelle (DMFC – direct methanol fuel cell) nutzt die Protonenleitung von PE-Membranen (PE – proton exchange) für eine direkte Umsetzung des Methanols an der Anode (Abb. 3.16). Methanol ist als Flüssigkeit (CH_3OH; flüssig von -98 bis $+65$ °C) wie ein Kraftstoff einfach speicherbar. An der Anode wird Methanol unter Wasserverbrauch katalytisch in CO_2 und Protonen gespalten, an der Kathode läuft die für PEMFC übliche Wasserbildung. Ein Teil des „Ab"wassers wird also an die Anode transferiert, dies erfolgt durch Diffusion durch die PE-Membran. Leider diffundiert in Gegenrichtung reines Methanol auf die Kathodenseite (cross over) und verschlechtert so den Wirkungsgrad einer DMFC auf etwa 50 % einer Wasserstoff-PEMFC. Der theoretischen Leerlaufspannung einer DMFC von 1,18 V stehen daher nur ca. 0,6 V

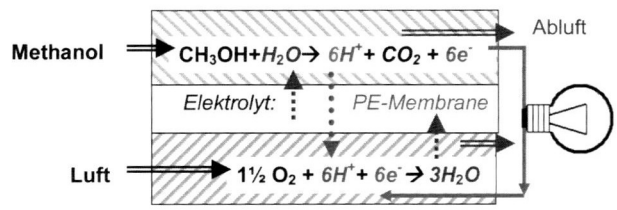

Abb. 3.16 Funktionsprinzip der Direktmethanol-Brennstoffzelle (DMFC)

Leerlaufspannung der realisierten Systeme gegenüber. Damit ergeben sich ca. 0,3 V/Zelle im Leistungsmaximum und die genannten in etwa halbierten Wirkungsgrade.

Der Vorteil einer DMFC ist der einfach mitführbare flüssige Brennstoff. Das Unternehmen SFC energy produziert und vertreibt erfolgreich DMFC-Systeme in den Leistungsklassen 50 W bis 1 kW für die geräuschlose Stromversorgung von Segeljachten/Caravans bzw. im militärischen Bereich und als Not- und Inselstromversorgungen.

NT-/HT-PEMFC – NT-/HT-Polymerelektrolytmembran-Brennstoffzelle (5–80 °C/120–190 °C) Die Niedertemperatur-PEM-Brennstoffzelle wurde im Abschn. 3.2 ff. bereits umfänglich vorgestellt, Abb. 3.3 zeigte dazu die Anoden- und Kathodenreaktion. Der Arbeitstemperaturbereich wird nach oben durch die befeuchtete Membran begrenzt. Verdampfendes Wasser würde sie zerstören.

Bei Hochtemperatur-PEM-Brennstoffzellen werden protonenleitende Membranen aus Polybenzimidazol (PBI), gesättigt mit Phosphorsäure (H_3PO_4), eingesetzt. Die notwendigen Arbeitstemperaturen von mehr als 100 °C machen gleichzeitig das bei NT-PEM-Brennstoffzellen notwendige Wassermanagement verzichtbar. Das Reaktionswasser tritt immer als Dampf auf und kondensiert dadurch nicht aus. Die Membranen erreichen in etwa die gleichen Leistungsdichten wie die NT-PE-Membranen und können tendenziell sogar bei höheren Stromdichten gefahren werden. Ein weiterer Vorteil der HT-PEMFC ist die hohe Toleranz gegenüber dem Katalysatorgift Kohlenmonoxid – der Betrieb mit Reformatgas und wasserstoffreichen Gasen wird damit ohne aufwendige Reinigung möglich. Allerdings sollten niedrige Betriebstemperaturen wegen der Gefahr des Auswaschens der Phosphorsäure und der damit verbundenen frühzeitigen Degradation vermieden werden.

Nachdem zunächst einige Autoproduzenten und Heizungshersteller zeitweise mit diesem Brennstoffzellentyp arbeiteten, werden gegenwärtig die vom dänischen Unternehmen DPS gelieferten verbesserten Membranen u. a. in kW-Stacks für Backup-Stromversorgungen genutzt.

PAFC – Phosphorsäure-Brennstoffzelle (135–220 °C) Als Elektrolyt dient bei der „klassischen" PAFC (phosphoric acid fuel cell) hochkonzentrierte Phosphorsäure, die in einer Siliciumcarbidstruktur fixiert ist. Die Phosphorsäure H_3PO_4 verdampft im Betrieb jedoch langsam und wird daher aus dem Abluftstrom zurückgeführt. Als Katalysatoren setzt man meist Platin bzw. Platinlegierungen ein. Diese sind in der heißen Phosphorsäure stabil.

Die Funktion der PAFC ist ähnlich der HT-PEMFC und damit mit der Knallgasreaktion des PEMFC-Schemas erklärbar. Die Wasserstoff-Ionen der Phosphorsäure erfüllen die gleiche Funktion wie bei den PEM-Brennstoffzellen die protonenleitende Membran (vgl. Abb. 3.3). Die PAFC erreicht aber nur geringere Leistungsdichten als die PEMFC. Sie ist CO_2-tolerant und bis ca. 1 % auch hinsichtlich Kohlenmonoxid unempfindlich, so dass Reformatgase ohne aufwendige Reinigung einsetzbar sind.

Das Unternehmen ONSI/IFC/UTC hat die PAFC bereits früh bis zur Einsatzreife entwickelt. Nachdem in den 1980er Jahren 4–10 MW Einheiten in den USA und Japan errichtet wurden, belegte ein Großtest bei der US-Army mit 200 kW-Container-Einheiten zur Jahrtausendwende die gute Verfügbarkeit unter unterschiedlichen klimatischen Bedingungen. Ab 2014 will die indische Marine PAFC-Einheiten für den Antrieb von U-Booten nutzen.

Neuere SAFC (solid acid fuel cell) nutzen protonenleitende Phosphorsäuresalze bei einer Arbeitstemperatur von 250 °C als Elektrolyt und arbeiten ebenfalls problemlos mit Reformatgasen.

MCFC – Schmelzcarbonat-Brennstoffzelle (580–675 °C) Die Schmelzcarbonatbrennstoffzelle (molten carbonate fuel cell) ist eine Hochtemperatur-Brennstoffzelle. Als Elektrolyt fungiert hier eine Mischschmelze aus Alkalicarbonaten (Lithium- und Kalium- oder Natriumcarbonat).

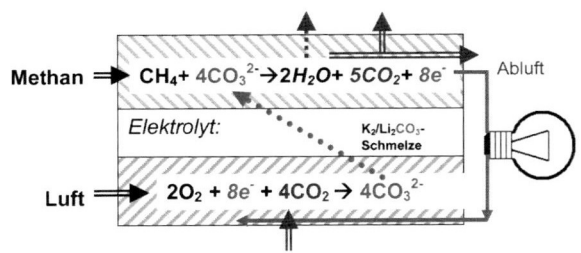

Abb. 3.17 Funktionsprinzip der Schmelzkarbonatbrennstoffzelle MCFC

Diese ist zwischen Nickelelektroden in einer Matrix fixiert. Teure Edelmetallkatalysatoren sind nicht erforderlich.

Die MCFC ist interessant durch die direkte Verstromung von Erdgas u. a. kohlenstoffhaltigen Energieträgern nach Abb. 3.17. Diese wie auch Kohlenmonoxid werden auf der Anodenseite formal mit den Karbonationen des Schmelzelektrolyten zu Wasser und Kohlendioxid umgesetzt. Für den Nachschub an Karbonationen muss das an der Anode entstehende CO_2 auf die Kathodenseite für die dort ablaufende Bildung der Karbonationen geführt werden. Von den chemischen Umsetzungen her ist der Anodenprozess im ersten Schritt eine interne Reformierung des Kraftstoffs zu einem wasserstoffhaltigen Gas unter Nutzung des an der Anode gebildeten Wassers.

Die max. 400 kW-Stacks von Schmelzkarbonat-Brennstoffzellen haben im stationären BHKW-Einsatz Betriebszeiten von mehr als 40.000 h erreicht, Zielgröße sind 80.000 h für eine zehnjährige Betriebsdauer. Von Fuel Cell Energy (USA) und POSCO (Südkorea) werden daraus Kraftwerke im MW-Bereich realisiert.

SOFC – Festoxid-Brennstoffzelle (650–1000 °C) Die Festoxid-Brennstoffzelle (solid oxide fuel cell) nach Abb. 3.18 arbeitet als Hochtemperatur-Brennstoffzelle mit einer Betriebstemperatur von 650–1000 °C, bei der der keramische Elektrolyt Sauerstoffionen gut leitet. Für Elektronen wirkt das meist eingesetzte Yttrium-stabilisierte Zirkoniumdioxid (YSZ) isolierend. Die Elektroden wie auch die leitende Interconnection zwischen den Zellen – von der PEMFC als Bipolarplatte bekannt –

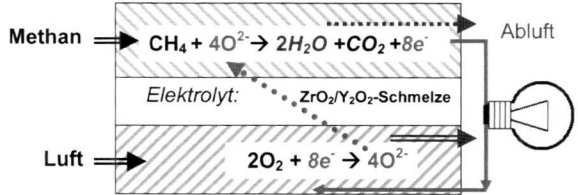

Abb. 3.18 Funktionsprinzip der Festoxidbrennstoffzelle

werden bei der SOFC aus entsprechend modifizierten Keramikmaterialien gefertigt (Abb. 3.19). Die hohe Betriebstemperatur führt zu einer Reihe technischer Herausforderungen, die sowohl im Dauerbetrieb als auch beim An- und Abfahren der Brennstoffzelle zu erfüllen sind. Hierzu zählen Gasdichtigkeit ohne Kurzschlüsse, Alterung und Hochtemperaturkorrosion. Derzeitige Systeme erreichten 50 Kaltstarts, damit ist die SOFC für den Dauerbetrieb in Kraftwerken und in mobilen Stromversorgungen prädestiniert.

Die SOFC ist eigentlich eine Direktbrennstoffzelle, d. h. Wasserstoff aber auch Methan und andere Kohlenwasserstoffe könnten direkt verstromt werden. Bei letzteren Brennstoffen führt im Dauerbetrieb an der

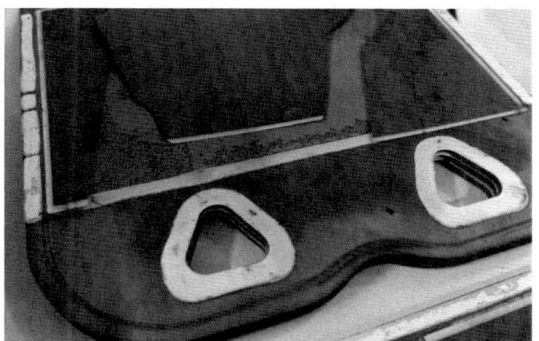

Abb. 3.19 Bipolare Interconnection-Platte eines SOFC-Stacks mit (gebrochener) Festelektrolyt-Membran und darunter liegender Gasdiffusionsschicht

Anode ausfallender Kohlenstoff aber zu Problemen, daher erzeugt man nach der Entschwefelung des Brennstoffs mit katalytischen Reformern zunächst ein wasserstoffreiches Gas. Dies muss nicht besonders aufbereitet werden, da Kohlenmonoxid und Brenngasreste durch die interne Reformierung an der Anode umgesetzt werden. Mit dem Luftüberschuss ist die Temperierung des SOFC-Stack möglich, so dass ein deutlich einfacheres Gesamtsystem als bei der MCFC mit der dort notwendigen Kohlendioxid-Rückführung möglich wird. Neben Kleinst-SOFC sind 0,5 kW-Systeme (in der Größe einer Mikrowelle) für mobile Stromversorgungen und als 2kW-KWK-Systeme für Einfamilienhäuser in der Markteinführungsphase (new enerday/Ceramic Fuel Cell).

Literatur

[1] Deibel A (2006) Reengineering eines PEM-Brennstoffzellensystems. Ba-Arbeit, FH Stralsund

[2] Kordesch K, Simader G (1996) Fuel Cells and Their Application. VCH Verlagsgesellschaft mbH, Weinheim

[3] Larminie J, Dicks A (2000) Fuel Cell Systems Explained. John Wiley, Chichester

[4] Kurzweil P (2003) Brennstoffzellentechnik. Vieweg, Wiesbaden

[5] Heinzel A, Mahlendorf F, Roes J (2006) Brennstoffzellen – Entwicklung, Technologie, Anwendung. C. F. Müller Verlag, Heidelberg

[6] Geitmann S (2012) Energiewende 3.0 - Mit Wasserstoff und Brennstoffzellen. Hydrogeit Verlag, Oberkrämer

[7] http://www.sfc.com/de

[8] http://www.new-enerday.com

[9] http://www.ceramicfuelcells.de

Antriebe mit Brennstoffzellen 4

Oui, mais l'eau décomposée en ses éléments constitutifs, répondit Cyrus Smith, et décomposée, sans doute, par l'électricité, qui sera devenue alors une force puissante et maniable, car toutes les grandes découvertes, par une loi inexplicable, semblent concorder et se compléter au même moment.

„Ja, durch Wasser, zerlegt in seine Bestandteile," entgegnete Cyrus Smith, *„und zweifellos zerlegt durch Elektrizität, die dann eine leistungsfähige und handhabbare Kraft für all die großen Erfindungen sein wird, beschrieben durch kaum erklärbare Gesetze, die man gleichzeitig begreifen und praktisch anwenden wird ... "* (Jules Verne, L'Île mystérieuse, 1874).

Zusammenfassung

Konzentrieren wir uns auf die Zukunft nachhaltiger Verkehrslösungen auf der Grundlage regenerativen Stroms aus Wind- und PV-Anlagen, dann interessieren die Details der kommenden Elektromobilität. Die zugehörigen Antriebsstränge beinhalten immer hocheffiziente Elektromotoren, gespeist aus der Batterie oder aus einer Brennstoffzelle, aber auch die direkte Speisung über die (Ober-)leitung bleibt im Gespräch. Eine Idee des Wandels vermitteln die gegenwärtig noch mit Verbrennungsmotoren ausgestatteten Hybridfahrzeuge, die mehr oder wenig große Strecken bereits rein elektrisch bewältigen können. Damit ermöglichen sie einen weiteren signifikanten Schritt der Einsparung fossiler Kraftstoffe, gleichzeitig erreicht die Fertigung der EMotore die notwendige Entwicklungsreife.

J. Lehmann und T. Luschtinetz, *Wasserstoff und Brennstoffzellen*,
Technik im Fokus, DOI 10.1007/978-3-642-34668-2_4,
© Springer-Verlag Berlin Heidelberg 2014

4.1 E-Mobilität mit vielen Gesichtern – von BEV bis FCEV

Brennstoffzellen an sich können kein Fahrzeug bewegen, das hatte bereits Jules Verne mit seiner Einlassung zu den damals gerade formulierten und noch weithin unverständlichen Maxwellschen Gleichungen erkannt. Brennstoffzellen wandeln die chemische Energie des Brennstoffs ja zunächst nur in elektrische Energie und Abwärme. Damit ist für ein Antriebssystem noch ein Elektromotor erforderlich. Empfehlenswert ist weiterhin ein Zwischenspeicher für die elektrische Energie, um zumindest die beim Beschleunigen erforderlichen Leistungsspitzen bereitzustellen und beim Bremsen die rückgewandelte Bremsenergie elektrisch speichern zu können. Durch diese „elektrische" Antriebskette zäh-

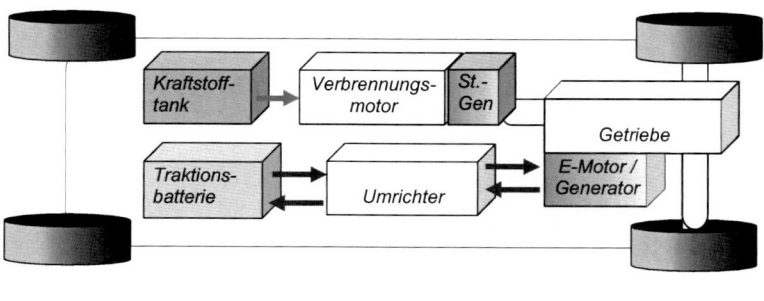

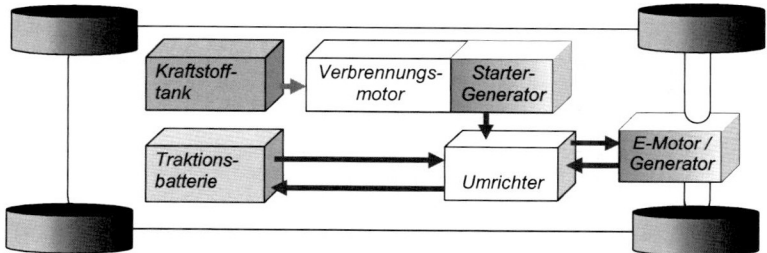

Abb. 4.1 Parallelhybrid und serieller Vollhybrid mit Verbrennungsmotor

len Brennstoffzellenfahrzeuge in den Bereich E-Mobilität und zeigen eine hohe Verwandtschaft zu rein batterieelektrischen PKW. Weil der Strom für den Elektromotor des Hauptantriebs sozusagen aus zwei Quellen bereitgestellt wird – aus der Brennstoffzelle und einem Speicher für den elektrischen Strom – spricht man hier auch von Hybridantrieben.

Hybridantriebe mit Verbrennungsmotoren
Hybridantriebe gemäß der klassischen Definition verfügen über zwei Energiespeicher und zwei zugehörige Energiewandler für die Bereitstellung der mechanischen Antriebsleistung. In den ersten modernen Hybrid-PKW trat zum Verbrennungsmotor mit Kraftstofftank ein E-Motor/Generator mit einer Batterie. Entsprechend der Leistungsfähigkeit dieses elektrischen Zweiges unterscheidet man verschiedene Hybrid-Typen.

Recht geringe Leistungen bis etwa 6 kW sind für einen elektrischen Start/Stop-Betrieb erforderlich, man spricht dann von einem *Micro-Hybrid*. Bei einem *Mild-Hybrid* (wie dem Honda Insight) wirkt der E-Motor bereits unterstützend hinsichtlich Drehmoment und Leistung (ca. 6 bis 20 kW) in Ergänzung zum Verbrennungsmotor und speichert über die Generatorfunktion die Bremsenergie, während bei einem *Vollhybrid* beide Antriebslinien jeweils allein das Fahrzeug bewegen können (Toyota Prius). Die Batterieladung reicht bei einem Vollhybrid also zumindest für kurze Strecken. Die realisierte elektrische Antriebsleistung liegt meist bei mehr als 40 kW und liefert allein (serieller Hybrid) oder gemeinsam mit dem Verbrennungsmotor (Parallelhybrid) das maximale Drehmoment.

Bei dominant batterie-elektrischem Antrieb ist eine Steckdosenaufladung der dann größeren Traktionsbatterie sinnvoll (Plug-In-Fahrzeuge). Dies ist natürlich bei reinen Batteriefahrzeugen (BEV – battery electric vehicle) immer der Fall, aber auch bei Vollhybriden üblich. Schließlich kann die Reichweite eines PHEV (plug in hybrid electric vehicle) bereits durch Nachladen mit einem relativ kleinen Verbrennungsmotor auf praktikable Werte erhöht werden, man spricht dann von einem Range-Extender (Opel Ampera).

So neu ist der Hybridansatz nicht. Einen Vorläufer hatte dieses Prinzip schon vor mehr als einem Jahrhundert – Ferdinand Porsche stellte bereits 1902 seinen Mixte-Hybridantrieb für den elektrischen Lohner-Porsche vor, ein Verbrennungsmotor von Daimler lud die Batterie nach.

Insgesamt führt der bei einem Hybridfahrzeug mögliche Betrieb des Verbrennungsmotors in einem optimalen Arbeitsbereich zu reduziertem Kraftstoffbedarf bei verminderten Schadstoffemissionen. Der E-Motor mit seinem bereits bei geringen Drehzahlen hohen Drehmoment als auch die u. U. zusätzlich abrufbare Leistung erhöhen die Leistungsreserven in speziellen Fahrsituationen. Die Effizienz der Antriebskette und die Schadstoffemissionen sind aber weiterhin an den Verbrennungsmotor gebunden, der Wirkungsgrad der Wandlungskette für die fossilen Kraftstoffe bleibt weiter unter 30 %.

Bei Parallelhybriden besteht eine direkte mechanische Kopplung vom Verbrennungsmotor über das Getriebe zur Antriebsachse, der Elektromotor arbeitet parallel auf das Getriebe bzw. die Antriebsachse. Serielle Hybride hingegen realisieren diese Kopplung des Verbrennungsmotors rein elektrisch (Abb. 4.1). Dazu treibt der Verbrenner einen Generator. Dieser ist als Startergenerator ausgelegt, kann also im Motorbetrieb den Verbrennungsmotor auch direkt anwerfen und wird sonst als elektrischer Generator betrieben.

In einem FCEV (fuel cell electric vehicle) nach Abb. 4.2 übernimmt nun sozusagen die Brennstoffzelle die Stelle des Verbrennungsmotors in solch einem seriellen Hybrid. Aus dem mitgeführten Wasserstoff stellt sie die (elektrische) Leistung für den Antrieb emissionsfrei bereit. Die Wirkungsgrade von E-Motoren liegen oberhalb von 90 %, somit sind die sehr guten Wirkungsgrade der Brennstoffzelle (vgl. Vorkapitel) entscheidend für die insgesamt bessere Ausnutzung des Kraftstoffs. Da dies überschlägig mit doppelt so hoher Effizienz wie beim Verbrenner geschieht, sollte die Brennstoffzelle über kurz oder lang den klassischen

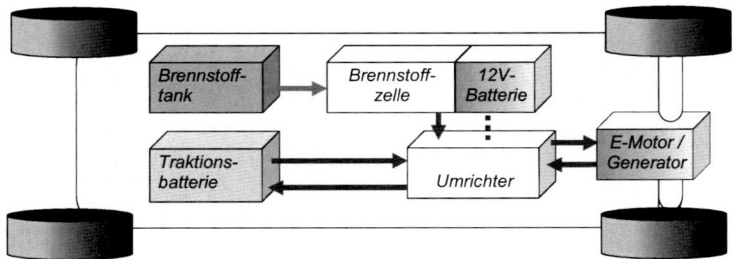

Abb. 4.2 Fahrzeugantrieb mit Brennstoffzelle

Verbrennungsmotor ersetzen und gleichzeitig das Reichweitenproblem der reinen Batteriefahrzeuge lösen. Brennstoffzelle und Batterie können in verschiedenen Größen hinsichtlich Leistung und Energieinhalt ausgelegt werden, wobei die Bezeichnungen der Hybrid-PKW übernommen worden sind.

Ähnlich einem klassischen PKW benötigen Brennstoffzellen zum Starten elektrische Energie – für die Steuerung, zum Betätigen der Ventile und Betrieb der Pumpen der Brennstoff- und Luftversorgung usf. Damit ist zum Einen ein kleiner Energiespeicher für das 14 V-Bordnetz zwingend vorhanden. Eigentlich ist es naheliegend, ihn größer auszulegen und zur Unterstützung der Fahrleistungen heranzuziehen. Praktisch führt das aber zu einem zweiten Speicher als Traktionsbatterie mit einer höheren Spannung (42 V … 350 V), um die für praktikable Leistungen notwendigen Ströme auf etwa 200 A zu begrenzen.

Bei mittlerer Größe der Batterie kann diese wie bei einem Mild-Hybrid für eine gewisse Zeit parallel zur Brennstoffzelle zusätzliche Leistung bereitstellen. Die derzeit noch kostenintensive Brennstoffzelle braucht damit nur für die Durchschnittsleistung ausgelegt zu werden und muss nicht die nur kurzzeitig notwendige Spitzen- oder Peak-Leistung abgeben können. Die geringere Dynamik schont außerdem die Brennstoffzelle.

Ein Brennstoffzellen-Antrieb besteht also neben der Brennstoffzelle und ihrer Brennstoffversorgung aus einem Speicher für die elektrische Energie, mindestens einem Elektromotor und den zugehörigen Elektronikbaugruppen für die Signalverarbeitung und Leistungsflussstellung.

Hier sind mindestens der Motorcontroller und ein Ladecontroller für den elektrischen Speicher zu nennen. Im Extremfall arbeiten Brennstoffzelle, Speicher und E-Motor auf unterschiedlichen Gleichspannungsniveaus, so dass DC-DC-Wandler die elektrische Energie zwischen diesen DC-Spannungen umsetzen müssen. Bei der Batterie und dem Elektromotor ist dies in beiden Richtungen notwendig (bidirektionale Wandler), damit elektrische Energie und insbesondere die Bremsenergie gespeichert und auch wieder abgerufen werden kann. Die Brennstoffzelle liefert dabei eigentlich immer elektrische Energie.

Im Kleinleistungsbereich hingegen können einige Brennstoffzellen-typen – invers als Elektrolyseur betrieben – auch elektrische Energie in Wasserstoff überführen und damit speichern. In Messflugzeugen wird photovoltaisch erzeugter Strom auf diese Weise für den Nachtbetrieb als Wasserstoff zwischengespeichert.

4.2   Elektrische Speicher für Hybridfahrzeuge

Brennstoffzellenfahrzeuge benötigen neben der 14 V-Bordnetz-Batterie noch einen Leistungsspeicher für die zu speichernde Bremsenergie beim regenerativen Bremsen und für die Unterstützung bei Leistungsspitzen. Üblich sind hierfür Batterien und ggf. diese ergänzende Kondensatoren, aber auch Schwungradspeicher wurden bereits in Bussen eingesetzt. Abbildung 4.4 gibt einen Überblick der erreichbaren Leistungsdichten.

Faszinierend war die Entwicklung der Kondensatortechnik in den letzten beiden Jahrzehnten. Doppelschichtkondensatoren, auch Super-caps genannt, besitzen durch die geringe Dicke des Dielektrikums bei großer Elektrodenfläche extrem hohe Kapazitätswerte, so dass sie etwa 10 % der spezifischen Energiedichte von Blei-Säure-Batterien erreichen. Sie können aber im Gegensatz zu Batterien durch ihren sehr geringen Innenwiderstand mit sehr hohen Strömen im kA-Bereich ge- und entladen werden. Die Anzahl der Ladezyklen ist quasi unbegrenzt (>1 Mill.), während die o. g. Batterien maximal 2000 Zyklen vertragen. Ähnlich wie bei einer Batterie darf dabei die Spannung an einem Einzelkondensator eine maximale Spannung von hier 2,7 V nicht überschreiten, damit das Dielektrikum nicht durch eine zu hohe elektrische Feldstärke zerstört wird. Im Gegensatz zu einer Batterie ist ein Kondensator erst bei einer

Abb. 4.3 FormelZero-Rennwagen des spanischen EUPLATecH2-Teams (2010)

Spannung von Null Volt vollständig entladen und die gespeicherte Energie nimmt quadratisch mit der Spannung ab. Bei der Hälfte der Spannung ist also noch 1/4 der gespeicherten Energie vorhanden. Sowohl die Überwachung der maximalen Zellspannung als auch das Lademanagement mit der Anpassung der Spannung an den Ladezustand erfordern daher entsprechende Elektronikbaugruppen für den zuverlässigen Betrieb.

Ein 42 V-Supercap mit einer Kapazität von 440 F kann so die Bewegungsenergie eines aus einer Geschwindigkeit von 100 km/h vollständig abgebremsten 1000 kg PKW speichern. Für einen nachfolgenden Beschleunigungsvorgang stehen damit im Idealfall 107 Wh bzw. 38 kW für 10 s aus dem Supercap zusätzlich zur Verfügung. Eine nur auf die Speicherung eines Bremsvorgangs hin ausgelegte (Klein-)Batterie würde von der Kapazität her einer Motorrad-Starterbatterie entsprechen, könnte aber den kurzzeitigen Ladestrom von mehr 900 A nicht vertragen. Trotz dieser interessanten Eigenschaften von Supercaps, finden wir sie vor allem in Experimentalfahrzeugen wie beim Shell Eco-marathon und den Rennwagen der nach acht Rennjahren wieder eingestellten FormulaZero-Klasse. Abbildung 4.3 zeigt den Rennwagen des spanischen EUPLA-Tech2-Teams, bei dem eine 1 kW-Brennstoffzelle zusammen mit einem SuperCap-Speicher von 70 Wh für die hohen Beschleunigungswerte in den Wertungsrennen ausreichend ist. Dieser doch zurückhaltende Einsatz liegt an der geringeren Leistungsdichte der Supercaps bei recht hohen Kosten und dem Wunsch, mehr Energie für längere Spitzenlastphasen bei Bergfahrt u. ä. bereitstellen zu können. Mit den dann größeren Speichern sinken die Anforderungen an die Ladeströme auf durch Batterien erreichbare Werte.

Das Schlüsselproblem der Batteriefahrzeuge bleibt trotz der zwischenzeitlich beeindruckenden Entwicklung die geringe spezifische Energiedichte der verfügbaren Batteriesysteme (Abb. 4.4). Die klassische Blei-Säure-Batterie ist der Standardspeicher für das 14 V-Bordnetz mit max. 1 kWh gespeicherter Energie, die für den Startvorgang des Verbrennungsmotor und den Betrieb der elektrischen Systeme bei Stillstand des Motors genutzt wird. Die Zellspannung bewegt sich zwischen 2,08 V (geladen) und 1,75 V (entladen). Sechs in Reihe geschaltete Zellen bil-

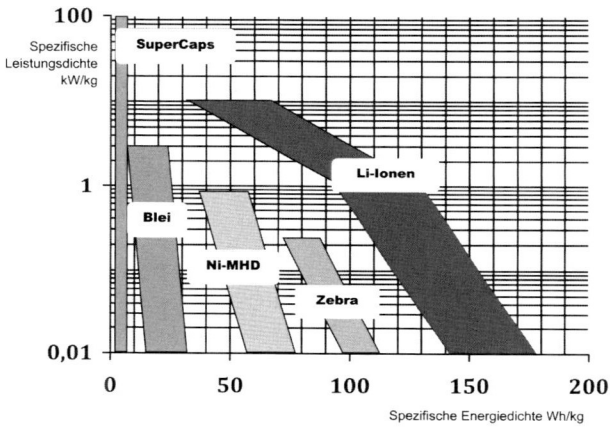

Abb. 4.4 Energiedichte elektrischer Speicher für PKW-Anwendungen

den eine 12 V-Batterie, mit den vom Fahrzeuggenerator bereitgestellten 14 V des Bordnetzes kann eine permanente Nachladung erfolgen.

Traktionsbatterien müssen deutlich größere Energiemengen speichern, aber auch größere Momentanleistungen bereitstellen können. Entsprechend leistungsfähige Einzelzellen bzw. -blöcke werden dazu in Reihe und ggf. auch parallel zusammengeschaltet. Das Produkt aus Zellenzahl und Zellspannung in der Reihenschaltung ergibt die Traktionsspannung im Bereich von 42 V bis z. T. mehr als 350 V. Multipliziert man diese Spannung wiederum mit der galvanischen Kapazität der (ggf. parallelgeschalteten) Zellen (in Ah), erhält man den Energieinhalt des gesamten Batteriespeichers in kWh. Die Nennkapazität als vom Hersteller zugesicherte entnehmbare Energiemenge hängt dabei vom Entladestrom ab. Die Angabe Cx nennt die Entladedauer in Stunden. Ein Akku mit der Bezeichnung 12 V/100 Ah/C1 ist also nach einer Stunde mit 100 A Entladestrom vollständig entladen. Bei einem höheren Laststrom ist die verfügbare Kapazität dann geringer als die angegebenen 100 Ah.

Gegenüber den Blei-Säure-Batterien (70 Wh/Liter, 35 Wh/kg) erreichen Nickel-Metallhydrid-Batterien etwa doppelte spezifische Leistungsdichten, die sich bei Lithium-Ionen-Batterien nochmals auf etwa 300 Wh/Liter bzw. 150 Wh/kg verdoppeln. Bei letzteren gibt man die Stromnennbelastbarkeit im Verhältnis zur Kapazität an. Die Kapazität einer 3,2 V/100 Ah/0,5 CA – Winston-Zelle wurde also mit 50 A Entladestrom ermittelt. Kurzzeitbelastungen bis 20 CA = 2 kA bei Dauerlasten von 3 CA = 300 A sind hier möglich. Derartige Batterien für Hybridfahrzeuge werden für hohe Ströme bei großer Zyklenzahl optimiert, was zu verringerter Energiedichte und damit größeren Abmaßen führt. So erreichen die angeführten Lithium-Eisenphosphat-Akkus des Herstellers Winston 85 Wh/kg bei 5000 möglichen Ladezyklen mit 70 % Entladetiefe.

Oft wird bei den Batterien bereits die Kapazität als Energieinhalt in Wh angegeben, Traktionsakkus für Gabelstapler erreichen 5–30 kWh, während der Toyota Prius II mit 1,3 kWh auskommt.

Die elektrischen Leistungsflüsse im Traktionsnetz werden vom Elektrischen Energiemanagement EEM so gesteuert, dass die Brennstoffzelle möglichst gleichförmig in optimalen Arbeitspunkten Energie für den E-Motor und für das Nachladen der Traktionsbatterie bereitstellt. Entsprechend der momentanen abgeforderten Motorleistung – Antrieb bzw.

Rückspeisung durch rekuperatives Bremsen – wird die Batterie entladen bzw. geladen, wobei auch die Batterie in einem optimalen Ladungsband zu Gunsten einer langen Lebensdauer betrieben wird. Beim Opel Ampera wird das nutzbare Akkufenster mit 20 bis 70 % Entladetiefe angegeben, das sind letztlich nur 50 % der Nennkapazität von 16 KWh.

4.3   E-Motore in Hybridantrieben

Für alle Elektrofahrzeuge, also die reinen Batteriefahrzeuge (BEV) als auch die Hybrid-E-Fahrzeuge (HEV mit Brennstoffzelle oder Verbrennungsmotor) werden zuverlässige Elektromotore benötigt. Bereits mit einem 250 W-Motor sind Pedelecs und Leichtrennwagen ausreichend motorisiert.

Bei einem Mild-Hybrid mit Verbrennungsmotor ist der E-Motor auch noch relativ klein im Vergleich zur Gesamtantriebsleistung auslegbar, z. B. mit nur 10 kW beim Honda-Insight. Hier sind ja neben der eher geringen Leistungserhöhung vor allem die Generator-Bremsfunktion und der Starter-Generator als Herz des Start-Stop-Systems gefragt.

Bei Batterie- (BEV), Brennstoffzellenfahrzeugen (FCEV) und Vollhybriden (FHEV) hingegen muss die gesamte Antriebsleistung mit dem E-Motor auf die Straße gebracht werden. Im Bereich der Hauptantriebe hat man daher zunächst nur den Verbrennungsmotor mit einem Haupt-E-Motor ersetzt. Dies war bei den Citaro-Brennstoffzellen-Bussen der ersten Generation der Fall, bei denen noch mit einem klassischen mechanischen Getriebe die notwendige Übersetzung realisiert wurde.

Neuere Fahrzeugkonzepte nutzen oft Nabenmotore in den anzutreibenden Rädern, ein Getriebe ist dann meist nicht erforderlich. Das Urpatent auf diesen Direktantrieb ist bereits mehr als 100 Jahre alt, daher ein kleiner Rückblick:

Eines der ersten Elektroautos brachte Thomas Davenport bereits 1834 auf die Straße. Mit der nicht wieder aufladbaren Batterie fehlte aber damals der Ausblick auf ein praxistaugliches Gefährt. 50 Jahre später standen Bleiakkumulatoren zur Verfügung, der auf der Weltausstellung in Paris 1900 vorgestellte Lohner-Porsche fuhr sogar bereits mit Radnabenmotoren. Bis zur Erfindung des Anlassers im Jahr 1915 hatten die E-Autos bei den Produktionszahlen die Nase vorn, dann gerieten sie ob

ihrer begrenzten Reichweite ins Hintertreffen. Zum Ende des zweiten
Weltkrieges gab es in Deutschland trotzdem etwa 20.000 Elektroautos,
deren Zahl dann durch die immer leistungsfähigeren Verbrennungsmotoren auf ca. 1500 im Jahr 2009 zurückging.

Anstöße zur „Rückbesinnung" auf die Vorteile elektrischer Antriebe gab u. a. die Raumfahrt mit der Erkundung von Mond und Mars mit
elektrisch angetriebenen Fahrzeugen, obwohl die notwendigen Antriebsleistungen mit 200 W je Rad beim Apollo-LRV ja relativ gering waren.
Es folgten die Ölkrise und das Bewusstwerden des Klimawandels. Letztlich benötigten die Autokonzerne aber einen gesetzlichen Anstoß für
entsprechende Entwicklungsanstrengungen – Kalifornien schrieb 1990
die Zulassungsanteile emissionsfreier Kfz (ZEV = zero emission vehicle)
vor. 2003 sollten bereits 10 % der zugelassenen Fahrzeuge in Kalifornien
ZEV sein. Mit der sichtlich langsameren technischen Entwicklung wurde
das Gesetz allerdings hinsichtlich der ZEV-Vorgaben mit dem Folgege-
setz 2002 entschärft. Damit entfiel leider der Druck auf die Industrie, die
verleasten E-Nullserienfahrzeugen wurden zurückgenommen und nicht
in größerer Anzahl zu (noch) nicht kostendeckenden Preisen auf den
Markt gebracht.

Elektromotore können recht unterschiedlich aufgebaut sein. Die
Grundversuche machte schon Michael Faraday 1831, als er die Kraft-
wechselwirkung zwischen stromdurchflossenen Leitern und Dauermagneten aufzeigte. E-Motore werden heute mit numerischen Feldberech-
nungsprogrammen optimiert, die im Wesentlichen auf den 1864 von
James Clerke Maxwell formulierten Maxwellschen Gleichungen beru-
hen.

Ähnlich wie für Faraday, der ohne Gleichungsapparat auskam, ge-
nügen für unseren Einstieg die folgenden einfachen Grundüberlegungen
(Abb. 4.5).

Eine stromdurchflossene Spule bildet wie ein Dauermagnet einen
Nord- und Südpol aus. Nach der Rechten-Hand-Regel liegt der Nord-
pol in Daumenrichtung, wenn die Finger in Stromrichtung zeigen, also
die Spule umfassen. Gleichnamige Magnetpole stoßen sich ab, un-
gleichnamige ziehen sich an. Durch geeignete Anordnung von zwei
Magnetsystemen kann damit in einem E-Motor das gewünschte Drehmoment als Produkt aus Kraft und Hebelarm erzeugt werden. Die Vielfalt
der E-Motore ergibt sich aus der Wahl der Magnete als Dauermagnet

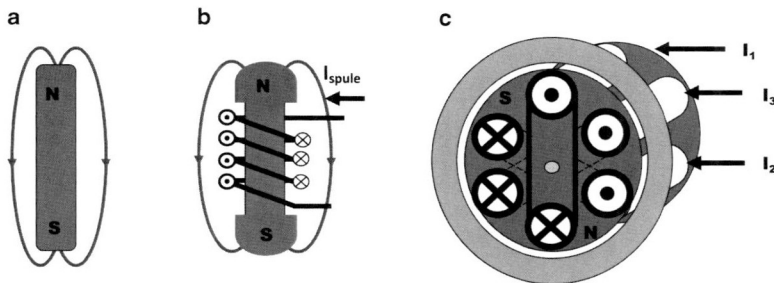

Abb. 4.5 Magnetfeldausbildung in Magneten und Spulen, **a** Dauermagnet, **b** Bestromter Roter (GSM), **c** Rotor mit induzierten Strömen (ASM)

oder stromgespeiste Spule und der Anordnung zueinander. Es kommt hinsichtlich der unterschiedlichen Wirkungsweisen nur darauf an, welches „Magnetsystem" durch die Ansteuerung gewollt rotiert und wie es das andere „Magnetsystem" mitzieht. Auch die „ortsfeste" Variante für die Magnetfelder ist möglich. Dazu bleibt durch laufendes Umpolen der Stromrichtung die Kraftwirkung auch bei Rotation erhalten.

E-Motore bestehen dazu aus einem rotierenden Teil – dem Rotor – und dem feststehenden Stator (bzw. Ständer). Bei einem Innenläufer befindet sich der Rotor im Innern des Stators – das ist bei den meisten E-Motoren der Fall. Für Kfz-Nabenmotoren ist die Konstruktion als Außenläufermotor wie in Abb. 4.6 vorteilhaft. Der mit der Felge verbundene Außenrotor kann auf seinem Umfang mehrere Dauermagnetsysteme oder eine Spulenstruktur tragen, die um die in der Nabe befindlichen Statorwicklungen rotieren.

Beim **Gleichstrommotor** ist das Ständerfeld ortsfest, kann also bei Kleinmotoren mit Dauermagneten realisiert werden. In der Prinzipanordnung nach Abb. 4.7a beginnt der Rotor (Anker) eine Bewegung im Uhrzeigersinn, die nach 90° endet, da dann die Entfernung der beiden Magnetpole minimal wird. Der als Spule ausgebildete „Rotormagnet" muss folglich immer so mit Strom versorgt werden, dass auch bei seiner Drehung die Kraftwirkung im Uhrzeigersinn erhalten bleibt. Dazu polt der auf dem Rotor befindliche Kommutator (Stromwender) die Versorgungsspannung für die in Teilwicklungen aufgeteilte Wicklung des

Abb. 4.6 Nabenmotor als Außenläufersynchronmotor [2]

Rotors immer dann um, wenn die Kraftwirkung ihr Vorzeichen wechseln würde. Somit bleibt die gewünschte Drehrichtung erhalten. Da dieses Umpolen durch den Motor selbst erfolgt, benötigt man zunächst keine aufwendige Elektronik. Die auf dem Kommutator schleifenden Kohlebürsten verschleißen jedoch und sind nach einer gewissen Betriebszeit zu ersetzen.

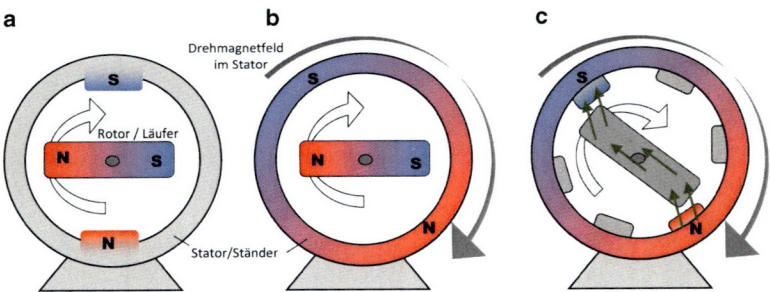

Abb. 4.7 Funktionsprinzipien von E-Motoren, **a** Gleichstrommotor (GM), **b** Synchronmotor (SM), **c** Reluktanzmotor (RM)

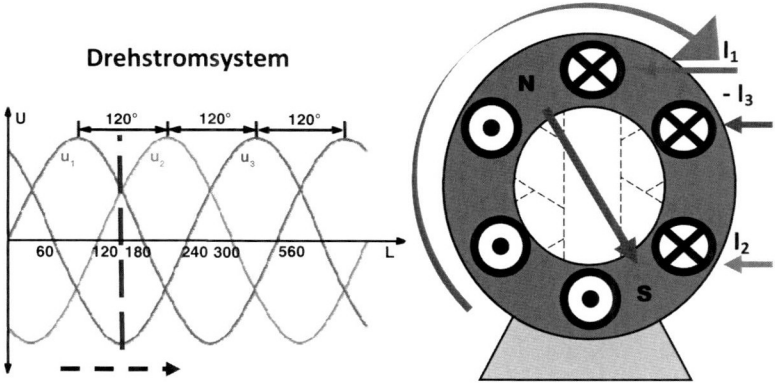

Abb. 4.8 Drehfeldausbildung im Stator bei Speisung mit Drehstrom bei ASM und SM

Der robustere **Asynchronmotor** hat eine Induktionsschleife bzw. ein Spulensystem nach Abb. 4.5c als Rotor (Läufer), dieser benötigt daher keine Stromzufuhr von außen. Der Stator besteht aus (mindestens) drei räumlich am Statorumfang im gleichen Abstand angeordneten Spulen nach Abb. 4.8, die mit jeweils einer Drehstromphase gespeist werden. Bei einem Drehstromsystem sind die drei Einzelwechselspannungen gleicher Frequenz mit einer zeitlichen Phasenverschiebung von je 120° miteinander verkettet. Die räumliche Verkettung im Ständer bewirkt ein räumlich im Stator umlaufendes Magnetfeld – so als würde sich der Statormagnet drehen. Dieses umlaufende Magnetfeld induziert in den Spulen der i. d. R. kurzgeschlossenen Rotorwicklung eine Spannung und der dadurch im Rotor fließende Strom bewirkt ein rotierendes Läuferdrehmagnetfeld. Die resultierende Kraftwirkung zwischen beiden Magnetfeldern ähnelt der Drehmomentbildung beim DC-Motor und lässt den Läufer dem umlaufenden Statorfeld (aufgrund von Reibmomenten) mit etwas geringerer mechanischer Drehzahl folgen. Die Differenz der Drehzahlen wird Schlupf genannt und erhält sozusagen den Induktionsvorgang. Dreht der Läufer sogar schneller als das Statorfeld (neg. Schlupf) wird der Rotor durch die Kraftwirkung gebremst und Energie zum Ständer zurückgespeist (Generatorbetrieb).

Verbindet man die Grundgedanken beider Maschinen, führt das zu einer **Synchronmaschine** nach Abb. 4.7b. Das auch hier umlaufende Statorfeld nach Abb. 4.8 (Innenpolmaschine) wirkt hier auf einen als Magneten ausgebildeten Rotor und kann ihn dadurch mit der (exakt) gleichen Drehzahl mitziehen. Das Magnetfeld des Rotors (Polradfeld) wird dabei mit einer über Schleifringe versorgten Spule oder aber mit Dauermagneten erzeugt. Das Problem bei der Synchronmaschine ist der Anlauf, der bei modernen Antriebssystemen durch Hochfahren der Drehstromfrequenz des den Ständer speisenden elektronischen Motorstellers erreicht wird.

Motore ohne Schleifringe bzw. kontaktbehaftete Kommutierung wie der Naben-Synchronmotor in Abb. 4.6 besitzen Vorteile hinsichtlich der Wartung, daher wird versucht, beides kontaktlos zu realisieren.

Beim Asynchronmotor mit Käfigläufer ist dies auch der Fall – als robuster und einfach zu fertigender Motor hat er breite Anwendung gefunden und wird wie auch der Synchronmotor in Brennstoffzellen-PKW eingesetzt. Für flach bauende Fahrzeuganwendungen sind scheibenförmige Kurzschlussläuferkäfige mit magnetischem Rückschluss und gegenüberliegendem Erregerspulensystem eine interessante konstruktive Variante (Vollstator-Asynchronlinearmaschine).

Bürstenlose Motore (Brushless-Motore) werden zwar meist an Gleichspannung betrieben, sind jedoch eigentlich Synchronmotore und keine Gleichstrommaschinen. Ein im Stator umlaufendes Magnetfeld nimmt bei ihnen einen dauermagneterregten Rotor (Polrad) mit. Das Statorwicklungssystem wird dazu aus einer Leistungselektronik gespeist, die aus der zugeführten Gleichspannung eine „Drehspannung" erzeugt. Beim **Schrittmotor** werden die Ständerspulen in Schritten nacheinander in Drehrichtung bestromt, d. h. man verzichtet auf ein ideal umlaufendes Magnetfeld mit sinusförmigen Einzelspannungen.

In die Rubrik der bürstenlosen und Schritt-Motore fällt noch ein weiteres Funktionsprinzip, das für robuste Fahrzeugantriebe in Frage kommt. Beim **Reluktanzmotor** wird die in magnetischen Kreisen bestehende Kraftwirkung genutzt, den magnetischen Widerstand der Anordnung zu verkleinern. Dadurch ist der Rotor selbst keine Magnetanordnung. Er wird „nur" mit seinen hochpermeablen Bereichen jeweils in das umlaufende Statormagnetfeld hineingezogen und folgt so auch bei diesem Motor der Drehung des Ständerfeldes (Abb. 4.7c).

Tab. 4.1 Typenübersicht von Elektromotoren

Typ	Stator/Ständer	Rotor	Einsatz
Gleichstrom-maschine (GSM) u. Wechselstrom-motor	Ortsfestes Magnetfeld durch Dauer-magnet oder Wicklung	Wicklung mit Umschaltung durch Kommu-tator	1 W–10 MW Spielzeug, Modellantriebe, Haushaltsgeräte, Anlasser, Bahn-, Industrieantriebe
Asynchron-maschine (ASM)	Drehmagnetfeld	Kurzschluss-Käfigläufer oder -Wicklung	50 W–10 MW Lüfter, Hebezeuge, Pumpen, **Kfz-Antriebe,** Bahnantriebe
Synchron-maschine (SM)	Drehmagnetfeld	Dauermagnet oder über Schleifringe gespeiste Wicklung	500 W–30 MW Servoantriebe, Textil-industrie, Verdichter, Mühlen, **Kfz-Antriebe**
Schrittmotor/ Brushless/ Reluktanzmotor	Fortgeschaltetes Drehmagnetfeld	Dauermagnet oder Reluktanz-anordnung	mW–2 kW Uhr-, Modellmotoren, Positionierantriebe

Ordnet man den Funktionsprinzipien entsprechend Tab. 4.1 die Einsatzbereiche zu, so dominieren bei kleinen Antriebsleistungen bis ca. 1 kW Brushless-Motoren und klassische Gleichstrommotore.

Gleichstrommotore passten ja zunächst gut zur Gleichspannung, die die Batterien bereitstellen. Außerdem können sie insbesondere als Reihenschlussmotor (RS-GSM) die im Kfz geforderten relativ hohen Anfahrdrehmomente liefern, wie bei den ersten elektrischen Gleichstrombahnantrieben. Dazu schaltete man die Wicklungen von Stator und Rotor (Erreger- und Ankerwicklung) in Reihe. Da sich beide Magnetfelder bei Speisung mit Wechselstrom gleichsinnig umpolen, bleibt die Kraftwirkung erhalten und sie sind mit relativ geringen Änderungen mit 16 2/3 Hz (Bahnnetz) bzw. 50 Hz betreibbar. Diese preiswerten Einphasen-Reihenschlussmotore finden wir als Wechselstrommotor heute auch in vielen Haushaltsgeräten vom Mixer bis zur Waschmaschine. Für den Dauerbetrieb sind sie hier allerdings oft nicht ausgelegt.

Die Entwicklung der Leistungselektronik-Halbleiterbauelemente hat die Möglichkeiten für Motorsteuerungen sichtlich erweitert, so dass heute beispielsweise alle Motortypen an Gleichspannung betrieben werden können. Asynchron- und Synchronmotore sind Drehstromantriebe und benötigen Drehstrom für das Ständerfeld. Ein Frequenzumrichter im Motorsteller erzeugt dazu zunächst aus der Versorgungsspannung (Drehstromnetz, Gleich- oder Wechselspannung) eine Zwischenkreisspannung als Gleichspannung fester Höhe und daraus das Drehspannungssystem mit variabler Frequenz und variablem Effektivwert. Diese Technik führte in den letzten Jahrzehnten in vielen Bereichen zur Ablösung der Gleichstrom-Kommutatormaschinen durch Drehstromantriebe.

Zur Beurteilung des Verhaltens von Elektromotoren wird die sich bei einem Lastdrehmoment M einstellende Drehzahl n des Motors in Abb. 4.9 betrachtet [1]. Der aktuelle Arbeitspunkt ergibt sich als Schnittpunkt von Last- und Motorkennlinien. Während sich bei erhöhter Last bei einer Synchronmaschine (SM) nur der Nacheilwinkel des Rotors vergrößert, die Drehzahl aber konstant bleibt, wird bei Gleich- und Asynchronmotoren (GSM, ASM) die Drehzahl kleiner, bis das Kippmoment als maximales Moment erreicht ist. Schaltet man die Speisung des Motors ab, bremst das Lastdrehmoment den Motor bis zum Stillstand und beschleunigt ihn ggf. in Gegenrichtung (Seilwinde mit Last, PKW am Berg). Bei Stillstand mit $n_n = 0$ ist das mögliche Anlaufdrehmoment M_A ablesbar. Dies ist insbesondere bei den ursprünglich in Bahnantrieben eingesetzten Reihenschluss-Gleichstrommotoren (RS-GSM) sehr hoch. Durch Verändern der Frequenz des Drehfeldes und damit der Leerlaufdrehzahl mit dem Motorsteller werden heute vergleichbare Eigenschaften durch Verschiebung der Motorkennlinie erreicht.

Wechselt dabei das Drehmoment M das Vorzeichen, treibt also ein Drehmoment die Welle an, kann der E-Motor in Umkehrung des Wirkprinzips bei geeigneter Beschaltung als E-Generator arbeiten, der an seinen Klemmen eine elektrische Leistung bereitstellt.

Mit Vierquadrantenstellern werden E-Motore nun in diesen vier möglichen Betriebsfällen, d. h. in jedem der vier Quadranten, sozusagen aktiv betrieben. Sie können also sowohl beim Vor- als auch Rückwärtslauf jeweils beschleunigt (Antrieb) bzw. gebremst (Generatorbetrieb) werden. Der Motorsteller sorgt für die Umschaltung und so möglich – die Rückspeisefunktion. Nicht erlaubte Arbeitspunkte werden dabei vermieden. So ist bei Gegenstrombremsung eines Asynchronmotors eine Rückspeisung nicht möglich und die abgebaute Energie führt zur Erwärmung des Motors.

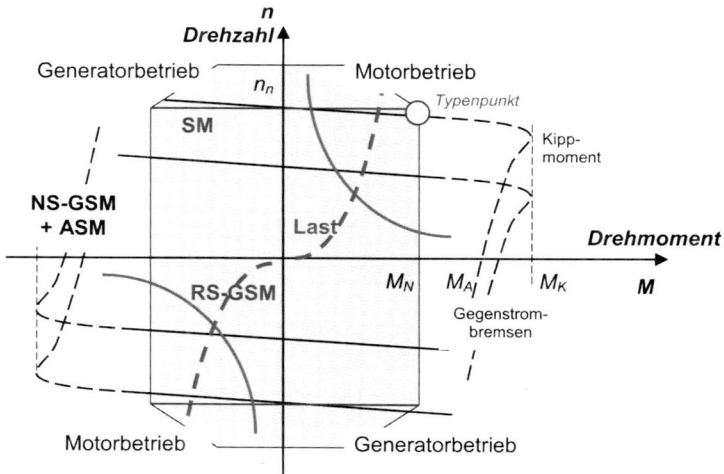

Abb. 4.9 Vierquadrantenstellung von E-Motoren (1 – GSM, 2 – ASM, 3 – SM)

Bestandteil dieser Steller ist die Speisung von Ständer und Rotor, soweit diese es erfordern. Der Elektronikumrichter kann dabei auch die Frequenz und den Effektivwert der Spannungen (Grundschwingung) variieren, so dass man bei Asynchron- und Synchronmaschinen nicht auf die 50 Hz wie bei der Speisung aus dem Netz festgelegt ist. Entsprechend der gewünschten Drehzahl erfolgt die Statorspeisung mit der mechanisch exakt drehzahlgleichen Frequenz beim Synchronmotor oder einer mechanisch höheren/niedrigeren Frequenz bei der beschleunigenden oder bremsenden Asynchronmaschine.

Hinsichtlich des Wirkungsgrades werden von Elektromotoren im Auslegungspunkt (Typenpunkt) 95 % erreicht, in Teillast werden diese Werte unterschritten, da sich die Verluste beim Aufbau des mitnehmenden Magnetfeldes nicht entsprechend verringern.

Eine angenehme Eigenschaft von E-Motoren für den Einsatz in Fahrzeugen ist ihre Überlastbarkeit, im Kurzzeitbereich teilweise bis zur mehrfachen Nennleistung. Dabei nimmt ihre Wärmekapazität die kurzzeitig entsprechend höhere Verlustwärme auf, der Langzeitbetrieb führt zu Übertemperaturen mit Schädigung von Wicklungen und ggf. Magnetkreis.

4.4 Stromversorgungssysteme (APU)

Fahrzeuge benötigen neben der Energie für den Hauptantrieb weitere Energie für ihre Straßentauglichkeit (Beleuchtung, Hupe ...) und den Komfort (Klimatisierung, Assistenzsysteme, Fensterheber ...). Die dafür notwendige elektrische Leistung liefert im Normalfall die permanent mitlaufende Lichtmaschine gemeinsam mit der 12 V-Batterie.

Bei Elektrofahrzeugen können diese beträchtlichen Leistungsanforderungen zusätzlich zum Hauptantrieb aus der leistungsstarken Traktionsbatterie bzw. der Brennstoffzelle mit bedient werden, was natürlich zu Lasten der Reichweite geht.

Bei größerem zusätzlichen Energiebedarf im Stillstand von Fahrzeugen mit Verbrennungsmotor – z. B. bei Trucks für die Klimatisierung, aber auch bei Campern oder Jachten – sind zusätzliche E-Versorgungssysteme, auch Auxiliary Power Units genannt (APU), angeraten. Sonst würde der fast leerlaufende Motor relativ ineffizient die Lichtmaschine betreiben müssen. Ein ähnliches Problem besteht beim Militär hinsichtlich der Stromversorgung der persönlichen Ausrüstung des einzelnen Soldaten. In all diesen Anwendungsfällen bieten sich Brennstoffzellen vor allem auf Grund ihrer geringen Geräuschentwicklung und der Effizienz der Kraftstoffnutzung an.

Auf dem zivilen Markt konnten sich bereits Stromversorgungen mit Direkt-Methanol-Brennstoffzellen der Leistungsklasse ab 50 W etablieren. Die ein Mehrfaches betragende Peak-Leistung liefert eine Batterie, die von einer kleinen Brennstoffzelle ständig nachgeladen wird. Die Methanol-Versorgung über Kartuschen vermeidet die Gefährdung des Nutzers im Hinblick auf die Verwechslung mit trinkbaren Flüssigkeiten [3].

Im Leistungsbereich ab 500 W sind Systeme mit SOFC-Hochtemperaturbrennstoffzellen in Mikrowellengröße kurz vor dem Markteintritt (Abb. 4.10). Die Brennstoffzelle wird bei ca. 850 °C mit einem wasserstoffreichen Gasgemisch betrieben. Dieses Brenngas erzeugt ein integrierter katalytischer POX-Reformer (partial oxydation), der das eingesetzte Campinggas, ein Propan-Butan-Gasgemisch, unter definiertem Luftmangel teilweise verbrennt. Neben der Strombereitstellung, die mit 40 % Brennstoffausnutzung bei diesem Kleinsystem beeindruckend gute Werte erreicht, ist auch die Auskopplung von Wärme angedacht [4].

Abb. 4.10 500 W-SOFC-Stromversorgung in einer Hausbootanwendung (Quelle: new enerday GmbH)

Derartige Stromversorgungssysteme stellen noch weitere interessante Nutzungsoptionen durch das Funktionsprinzip der Brennstoffzelle bereit. Die Abluft von Brennstoffzellen weist einen verringerten Sauerstoffgehalt auf, dadurch sinkt in mit ihr gefluteten Räumen die Brandgefahr, wie es für die Frachträume von Flugzeugen wichtig ist. Brennstoffzellen sind durch ihre minimalen Emissionen bei der Strombereitstellung gegenüber turbinenbetriebenen E-Generatoren sichtlich vorteilhaft. Airbus und Boeing orientieren deshalb auf den zukünftigen Einsatz multifunktionaler PEM-Brennstoffzellensysteme der 250 kW-Klasse, deren Abwärme für Temperierungsaufgaben und deren Abwasser als graues Nutzwasser an Bord ebenfalls gut nutzbar sind [5].

Literatur

[1] Hofer K (2006) Elektrotraktion – Elektrische Antriebe in Fahrzeugen. VDE Verlag, Berlin

[2] Larminie J, Lowry J (2003) Electric Vehicle Technology. Wiley, Chichester

[3] http://www.sfc.com/de

[4] http://www.new-enerday.com

[5] http://www.dlr.de

[6] http://www.baumueller.de/scheibenlaeufermotoren.htm

[7] Hagl R (2013) Elektrische Antriebstechnik. Carl Hanser, München

[8] Reif K (2010) Konventioneller Antriebsstrang und Hybridantriebe. Vieweg + Teubner / Springer, Wiesbaden

Wasserstoff als Kraftstoff   5

Zusammenfassung

Für die Umstellung unserer gegenwärtig durch flüssige Kraftstoffe dominierten Betankungssysteme auf gasförmigen Wasserstoff haben wir mit komprimiertem Erdgas (CNG) und Propangas bereits Erfahrungen sammeln können. Die in diesem Kapitel behandelte Herstellung, Speicherung und Verteilung von Wasserstoff stellt ähnliche Anforderungen und erfordert außer der Motivation vor allem die Sensibilisierung der Nutzer für die neue Technologie. Daher gehen wir auch auf den sicheren Umgang mit diesem sauberen Kraftstoff ausführlich ein.

5.1 Energiedichte

An der Tankstelle wissen wir Bescheid. Entsprechend dem Fassungsvermögen des Tanks füllen wir ein Volumen Kraftstoff ein, von dem erfahrungsgemäß bekannt ist, wie weit unser Gefährt damit kommen wird. Wir haben ein Gefühl dafür entwickelt, wie viel Energie der Tank fasst. Bei konstantem Einsatz des beispielsweise 40 kW leistenden Motors würden wir, die Nennleistung abfordernd, 40 kWh für eine Betriebsstunde benötigen. Diesel enthält etwa 10 kWh Energie pro Liter. Es würden in der angenommenen Stunde vier Liter Diesel verbraucht.

Wie alle Beispiele hinkt auch dieses: Beim normalen Auto- und Motorradfahren wird nur selten die Nennleistung abgefordert, man fährt zumeist im „Teillastbereich", kann also für Beschleunigungsphasen, Überholvorgänge und Steigungen über mehr oder weniger große Leistungsreserven verfügen.

J. Lehmann und T. Luschtinetz, *Wasserstoff und Brennstoffzellen*,
Technik im Fokus, DOI 10.1007/978-3-642-34668-2_5,
© Springer-Verlag Berlin Heidelberg 2014

Doch zurück zum Beispiel! Mit der Angabe 10 kWh/l wurde eine mögliche Definition der Energiedichte benutzt. Diese Größe charakterisiert, wie viel Energie in einem bestimmten Volumen eines Kraftstoffs enthalten ist. Erinnern wir uns an die Physikstunden: Mit der Dichte eines Stoffes wird in der Einheit kg/l (standardgerecht t/m^3) angegeben, wie viel Material in einer Volumeneinheit enthalten ist. Schwere und leichte Stoffe werden dadurch erkennbar. Übertragen auf die Energie, können mittels der Energiedichte energiereichere und energieärmere Kraftstoffe unterschieden werden. Der obere Teil von Abb. 5.1 veranschaulicht es. Entsprechend der Skala Energiedichte in kWh/l zeigt sich, dass Steinkohle den bei weitem größten Wert besitzt, man also Kohlenstaub tanken müsste, um mit einer Tankfüllung die längste Strecke zurücklegen zu können. Wenn es nur einen entsprechenden Motor gäbe ... Benzin weist ebenfalls einen recht großen Wert auf und hat sich als Kraftstoff im mobilen Bereich etabliert. Man könnte auch sagen, die Kraftfahrzeuge sind für einen Tank entsprechender Größe konstruiert, das Tankstellennetz entsprechend feinmaschig konzipiert worden. Wasserstoff erscheint am anderen Ende mit einem sehr kleinen Wert für die Energiedichte, dieser Kraftstoff weist ja auch mit dem kleinsten Dichtewert aller Elemente die geringste Menge von Material im Volumenelement auf. Daraus ergibt sich sofort eine Regel: Will man Wasserstoff speichern, so sollte schon das Speicherverfahren bewirken, die physikalische Dichte und damit auch die der Energie im Volumenelement zu vergrößern.

Das untere Teilbild zeigt die Rangfolge der verglichenen Energieträger entsprechend der so genannten gravimetrischen Energiedichte, des Energieinhalts auf eine Masseneinheit bezogen, in diesem Fall kWh/kg. Nicht unerwartet erreicht hier das Element mit den leichtesten Atomen den größten denkbaren Wert, denn es kann in der Vergleichsmasse die meisten Teilchen unterbringen. Auch hier fällt uns sofort eine praktisch Konsequenz ein: Soll bei Mobilität zur Resourcenschonung mit minimalem Gewicht gearbeitet werden, dann kommt nur der leichteste Kraftstoff in Frage. Demzufolge beginnen in den sechziger Jahren des vorigen Jahrhunderts die Entwickler der Weltraumraketen Wasserstoff einsetzen, um eine minimale Startmasse zu erreichen. Allerdings gerät dabei der Kraftstoffbehälter relativ groß. Dies zu tolerieren, fällt in der Raketentechnik nicht allzu schwer. Die weitaus größte Arbeit muss verrichtet werden, während der Flugkörper in Bewegung gesetzt und in den Weltraum ge-

Energiedichte, volumetrisch

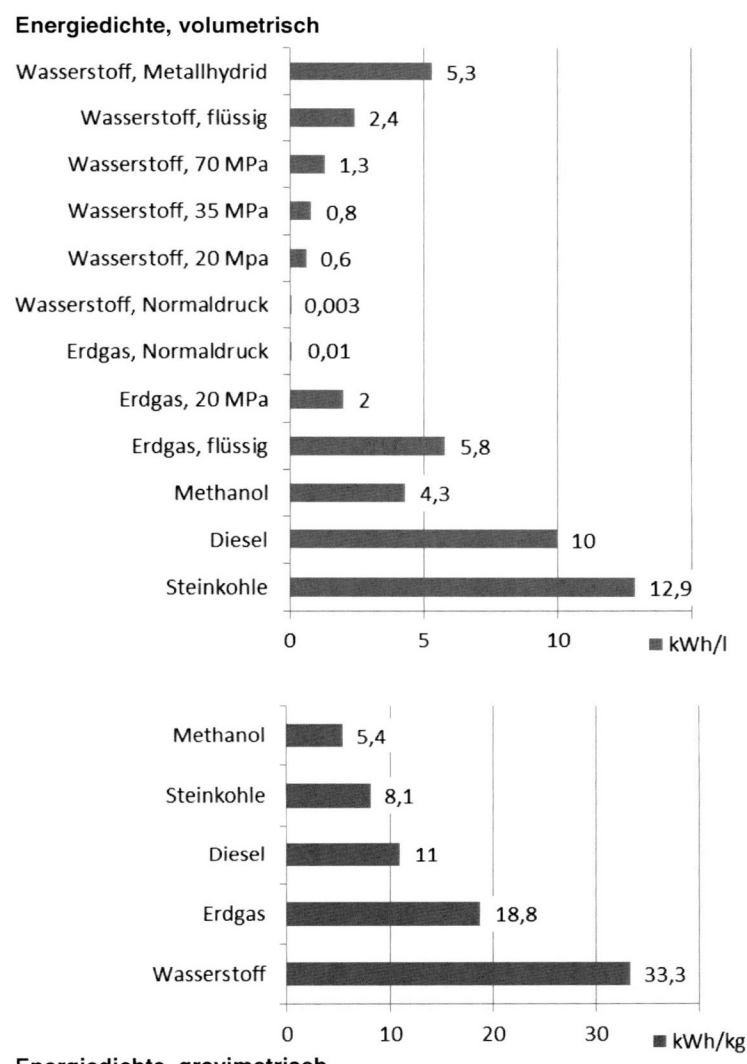

Energiedichte, gravimetrisch

Abb. 5.1 Energiedichte von Energieträgern

bracht wird. Für den dazu erforderlichen Treibstoff verwendet man separate Behälter, Booster, die innerhalb weniger Startminuten geleert und dann abgeworfen werden. Somit wirkt sich deren Luftwiderstand auch nur für die kurze Zeit innerhalb der dichten Atmosphärenschichten bei noch verhältnismäßig geringen Geschwindigkeiten aus.

5.2   Eigenschaften von Wasserstoff

Wasserstoff ist ein farb-, geruch- und geschmackloses Gas, das ohne schädigende Folgen eingeatmet werden kann. Wasserstoff ist nicht als krebserregend bekannt. Er ist ein unauffälliger Stoff, zu dessen Nachweis spezielle Sensoren oder typische Reaktionen notwendig sind.

Wasserstoff als Gas liegt in Form zweiatomiger Moleküle vor, in dem sich die beiden Protonen (positiv geladene Wasserstoffatome) als Kerne mit den zwei zugehörigen Elektronen umgeben. Diese Elektronen bilden gemäß dem Bohrschen Atommodell eine gemeinsame Elektronenhülle, die mit eben diesen beiden Elektronen als kernnächste mögliche Elektronenhülle auch abgeschlossen ist, also keine weiteren Elektronen aufnehmen kann. Gleichzeitig bilden sie beim Wasserstoffmolekül auch die äußere Elektronenhülle. Elemente, bei denen diese abgeschlossen ist, erweisen sich als träge gegenüber chemischen Reaktionen, die auf Änderungen der Elektronenbindungen hinauslaufen.

Befindet sich Wasserstoff aber im status nascendi, im Entstehungszustand, wenn sich noch keine Moleküle gebildet haben, die Atome also jeweils einzeln mit ihrem einen Elektron vorliegen, so ist er außerordentlich reaktionsfreudig. Diese Situation besteht vorzugsweise an katalytisch wirkenden Oberflächen. Platin stellt den idealen Katalysator für Wasserstoffreaktionen dar. Eine entsprechende Oberfläche muss keineswegs vollständig mit dem Edelmetall überzogen sein, einzelne Bereiche einatomiger Belegungen zur Bildung von Reaktionszentren erweisen sich oft als ausreichend.

Eigenschaften von Wasserstoff

Farb-, geruch- und geschmackloses Gas

Häufigstes Element im Universum:	90 % aller Atome sind Wasserstoff, er macht 3/4 der Gesamtmasse aus.
Isotopenverhältnis	Wasserstoff H_2 : Deuterium $D_2 = 6000 : 1$ Das bedeutet: 0,016 % allen Wassers ist schweres Wasser.

Dichtewerte:	gasförmig	$0{,}0899\,kgm^{-3}$ (zum Vergleich Luft $1{,}29\,kgm^{-3}$) unter Normalbedingungen[a]
	verflüssigt	$70{,}99\,kgm^{-3}$ bei $-252{,}77\,°C$
	fest	$78{,}0\,kgm^{-3}$ unterhalb von $-260\,°C$

Sein Verbrennungsprodukt, Wasser, enthält 11,2 Gewichts% Wasserstoff.

Der (untere) Heizwert des Gases, d. h. sein Energiegehalt, beträgt $10{,}8\,MJ/Nm^3$, das sind $3{,}0\,kWh/Nm^3$. ($Nm^3 = 1m^3$ unter Normalbedingungen[a])

Gasgemische von 4 % bis 75 % Wasserstoff in Luft sind brennbar. In einer Atmosphäre aus 100 % Wasserstoff erstickt die Flamme.

Flammtemperatur:	$2318\,°C$ bei 29 % Wasserstoff in Luft $>3000\,°C$ mit reinem Sauerstoff
Diffusionskoeffizient:	$0{,}61\,cm^2/s$
Kompressionsfaktoren:	Druck (in MPa)/Faktor 0,1/1; 10/1,065; 20/1,132; 30/1,201; 70/1,489 (d. h. bei 70 MPa enthält 1,5-l-Tank 700 Nl H_2)

a) Normalbedingungen: $0\,°C \,\widehat{=}\, 273\,K$ und $1\,bar = 0{,}1\,MPa$

Wasserstoff kann fossile Kraftstoffe ersetzen. Er ist überall dort elementar darstellbar, wo Strom zur Verfügung steht, insbesondere auch grüner Strom. Er lässt sich auf viererlei Weise speichern, ist somit sehr variabel einsetzbar. Er kann mittels Brennstoffzellen direkt – d. h. in nur einem Verfahrensschritt – in Strom verwandelt werden und dadurch mit hohem Wirkungsgrad.

Wasserstoff tritt auch mit doppeltem und dreifachem Atomgewicht auf. Das natürliche Isotopenverhältnis von Wasserstoff zu Deuterium

liegt bei etwa 6000 : 1. Bei diesem schwerem Wasserstoff sitzt im Kern
ein Neutron neben dem Proton, bei überschwerem Wasserstoff, Tritium,
sind es zwei. Tritium ist radioaktiv mit einer Halbwertszeit von etwa
12 Jahren, außer geringfügiger Bildung in der Hochatmosphäre wird es
künstlich erzeugt und findet beispielsweise in der Medizin Anwendung.
Es wird wie Deuterium bei der Kernfusion wichtig. Ein Zugang zum
Deuterium ergibt sich über den Rückstand der Elektrolyse, bei der das
„schwere Wasser" nicht zerlegt wird.

Wasserstoff hat von allen Gasen die geringste Dichte, sodass er leicht
flüchtig stets nach oben entweicht. Damit ist bei nicht zu hohen Temperaturen die Tendenz einer Entmischung von Gasgemischen zu verzeichnen.
Zu den Dichtewerten ist zu bemerken, dass sie für Flüssigkeiten – im
Unterschied zu Gasen – standardgemäß in Tonne pro Kubikmeter angegeben werden. Dann wäre im Vergleich zu destilliertem Wasser mit
der Dichte 1 t/m^3 flüssiger Wasserstoff mit 0,07 t/m^3 zu charakterisie-
ren. Fester Wasserstoff hat durch seinen niedrigen Schmelzpunkt von
−259 °C nahe dem absoluten Nullpunkt bisher keinerlei technische Be-
deutung.

Die Verflüssigungstemperatur von Wasserstoff liegt mit −253 °C etwas höher, nur Helium siedet noch tiefer bei −269 °C. Bei der Verflüssigung wird aktuell ein Wirkungsgrad von etwa 65 % (abhängig von der
Größe des Apparates) erreicht, der nach neueren Untersuchungen aber
auf 80 % steigerbar ist. Günstigenfalls müssen wir also nur ein Fünftel
der zu speichernden Energiemenge für die Verflüssigung aufwenden.

Der angegebene Energiegehalt für Wasserstoff mit 3,00 kWh/Nm^3
stellt den so genannten unteren Heizwert dar. Der obere Heizwert oder
auch Brennwert ist höher, weil er die im Prinzip bei der Verbrennung
von Wasserstoff nutzbare Kondensationswärme des Produktwassers mit
beinhaltet. Praktisch wird die Kondensationswärme im Allgemeinen
aber nicht aufgefangen. Unter einem Nm^3 – Normkubikmeter ist das Volumen des Gases bei Standardbedingungen, nämlich der Temperatur von
etwa 273,16 K und dem Normaldruck von 0,1 MPa, zu verstehen. – Zum
Vergleich sei angegeben, dass Methan mit einem unteren Heizwert von
9,97 kWh/Nm^3 mehr als den dreifachen Energieinhalt von Wasserstoff
aufweist, und dass auch 1 Liter Diesel etwa die Energiemenge enthält,
die in 3 Nm^3 Wasserstoff stecken. 1 kg Wasserstoff enthält die Energie
von 2,75 kg Benzin.

Wasserstoff ist kein „ideales Gas". Von solchen wird für theoretische Berechnungen angenommen, die einzelnen Teilchen (keine Moleküle) würden sich nicht untereinander beeinflussen, die Gesetze für ideale Gase also genau eingehalten. Unter anderem wirkt sich dieser Sachverhalt beim Komprimieren aus: Die erreichbare Volumenreduktion wird mit steigendem Druck geringer.

Die Wasserstoffflamme strahlt vergleichsweise wenig infrarote Strahlung ab. Ihre Temperatur unterscheidet sich je nachdem, ob das Gas als Gemisch mit Luft (2130 °C) oder Sauerstoff (3080 °C) verbrannt wird. In einer Atmosphäre aus reinem Wasserstoff erstickt die Flamme.

Über weitere Eigenschaften von Wasserstoff wird im Abschnitt über Sicherheit beim Umgang mit dem Gas zu schreiben sein.

5.3 Herstellung von Wasserstoff

Zum Gebrauch als chemischen Grundstoff oder als Energieträger muss Wasserstoff hergestellt, aus wasserstoffhaltigen Verbindungen herausgelöst werden.

Im Chemielabor verfährt man dazu im Allgemeinen nach der Gleichung

$$Zn + H_2SO_4 \rightarrow ZnSO_4 + H_2 \; .$$

Mit der Reaktion von Säure und unedlem Metall arbeiten der Kippsche Apparat und auch das Döbereinersche Feuerzeug. Bei Glühhitze setzen sich Zink, Eisen und andere Metalle mit Wasserdampf um und es wird ebenfalls Wasserstoff frei. Leitet man Wasserdampf schließlich über glühenden Koks, so entsteht ein wasserstoffhaltiges Gemisch mit Kohlenstoffoxiden. Dieser Weg wurde zur Erzeugung von Stadtgas bereits seit 1807 in London beschritten.

Aktuell wird der weltweit in der Größenordnung von 10^{12} m^3/a bestehende Wasserstoffbedarf der Industrie zu 48 % durch Dampfreformierung von Erdgas gedeckt. Abbildung 5.2 vermittelt einen Eindruck des Verfahrens. Nach der ersten Stufe, der eigentlichen Reformierung, während der Synthesegas aus H_2, CO_2 und CO entsteht, wird durch die Verfahrensschritte Shiftreaktion und selektive Oxidation auf katalytische Weise Kohlenmonoxid weitestgehend in Kohlendioxid verwandelt und

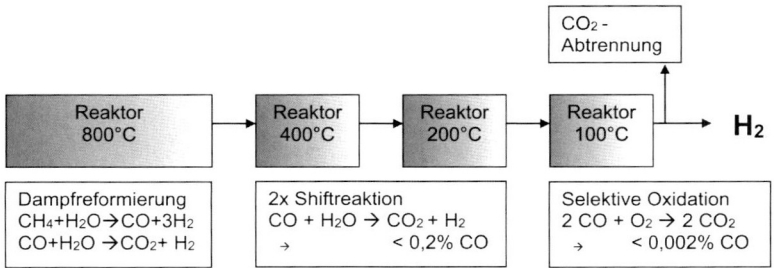

Abb. 5.2 Wasserstoffherstellung aus Erdgas durch Dampfreforming

dieses dann durch Auswaschen oder mittels Druckwechseladsorption entfernt. Als Produkt erhält man Wasserstoff, der nur noch geringfügig durch Kohlenmonoxid verunreinigt ist. Dieser Restgehalt ist gerade noch tolerierbar, wirkt CO doch durch Besetzen der Oberfläche des Katalysators als Gift für Brennstoffzellen.

Weitere 30 % werden durch partielle Oxidation, dem unterstöchiometrischen Verbrennen von Schweröl und Raffinerierückständen, hergestellt. Auch dabei entsteht Synthesegas, das wie eben angedeutet, gereinigt werden muss, wenn reiner Wasserstoff erforderlich ist.

Der Anteil der Elektrolyse an der Wasserstoffproduktion beträgt zurzeit um die 4 %. Dabei handelt es sich hauptsächlich um die Chlor-Alkali-Elektrolyse zur Gewinnung von Chlor und Natronlauge als chemische Grundstoffe entsprechend der zusammenfassenden Gleichung

$$2\,NaCl + 2\,H_2O \rightarrow 2\,NaOH + Cl_2 + H_2\,.$$

Wasserstoff stellt hier ein Nebenprodukt dar. Bemerkenswert ist, dass diese Produktion unter den industriellen Stromverbrauchern derzeit einer der größten ist.

Die Wasserelektrolyse spielt bisher mit etwa einem Prozent Anteil nur eine kleine Rolle bei der Herstellung von Wasserstoff. Allerdings bietet sie als einziges Verfahren die Möglichkeit, erzeugten Strom in sauberen Wasserstoff zu wandeln.

Der Begriff Elektrolyse soll an dem seit alters her im Schulunterricht verwendeten Modell auf Abb. 5.3 erklärt werden. Zwei verbundene

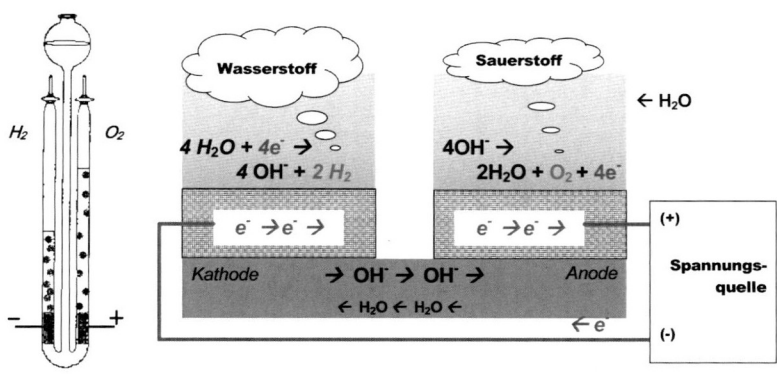

Abb. 5.3 Prinzip der Wasserelektrolyse

Röhren sind mit einem flüssigen Elektrolyten gefüllt, in den jeweils eine Elektrode eintaucht. Die Elektroden sind aus Metall, also Elektronen leitend, zum Beispiel aus Platindrähten oder einem Nickelnetz, deren katalytische Wirkung die erwarteten Vorgänge befördert. Der Elektrolyt besteht hauptsächlich aus destilliertem Wasser, das ja zerlegt werden soll, elektrisch aber zunächst einen Isolator darstellt. Um die Leitfähigkeit des Elektrolyten herzustellen, ist deshalb eine Säure oder Base zuzumischen. Die im Wasser dissoziierenden Reagenzien ermöglichen mit den positiven und negativen Ionen einen Stromfluss durch die Verbindungsröhre, sobald an die Elektroden dieses Elektrolyseurs eine Gleichspannungsquelle angeschlossen wird.

Die Kathode wird an den Minuspol der Spannungsquelle angeschlossen, an ihr vollzieht sich zunächst die Reaktion:

$$2\,H_2O \rightarrow 2\,H^+ + 2\,OH^-\,.$$

Die Hydroxid-Ionen folgen der Wirkung des elektrischen Feldes und bewegen sich zur positiven Anode. Dort findet die Reaktion

$$2\,OH^- \rightarrow H_2O + 1/2\,O_2 + 2\,e^-$$

statt. Die überschüssigen Elektronen werden von der Anode aufgenommen und fließen über den äußeren Stromkreis zur Kathode. Dort treten

Abb. 5.4 Elektrolyseurmodell (WATEC 1994)

die fehlenden Elektronen aus der Kathode aus und rekombinieren mit
den Protonen zu Wasserstoffatomen. Diese wiederum bilden H_2-Mole-
küle und perlen an der Kathode auf.

$$2\,H^+ + 2\,e^- \rightarrow H_2$$

Ebenso bilden sich Sauerstoffmoleküle an der Anode und steigen auch
als Gasbläschen auf.

Welche Spannung muss man anlegen? Diese Frage zielt darauf ab,
welche Energie denn nun notwendig ist, um die beiden Gase getrennt
darzustellen auf dem Weg über die Trennung der Wassermoleküle und
die Ablösung des Elektronen, die Bewegung von Hydroxidionen und
Elektronen zur anderen Elektrode und der abschließenden Rekombina-
tion beider Gase und ihrem Aufsteigen in Gasbläschen als stabile Moleküle. Einer Antwort kann man sich nähern, wenn man davon ausgeht,
dass Arbeit verrichtet werden muss, um Dissoziation und Ionisierung zu
erreichen. Zudem müssen geladene Teilchen einen Übergangswiderstand
überwinden, um aus einer Flüssigkeit, dem Elektrolyten, in einen Fest-

körper, die Elektrode, überzugehen. Das Nebeneinander von Spannung, Widerstand und Energie löst sich, wenn man sich vor Augen hält, dass eine Spannung einem geladenen Teilchen die Energie verleiht, einen Bewegungswiderstand überwinden zu können. Elektronen wie auch einfach geladene Ionen tragen die Ladung e, die Elementarladung (e = 1,602 × 10^{-19} As). Bereits an der Einheit für das Produkt aus Spannung und Ladung, VAs = Ws, erkennt man, es handelt sich um Energie. Schauen wir nach, welche Widerstände geladene Teilchen im System aus Elektrolyt und Elektroden zu überwinden haben: Es liegen Übergangswiderstände für die Übergänge der geladenen Teilchen aus der Flüssigkeit in das Elektrodenmaterial und umgekehrt vor, die sich in der Flüssigkeit bewegenden Teilchen müssen ebenfalls einen Widerstand überwinden. Auch die Ablösung des Elektrons von einem Wasserstoffatom bedeutet, einen Widerstand zu überwinden, man spricht von Ablösearbeit. In der Elektrochemie wird hierfür der Begriff „Überspannung" verwendet.

Die Gesamtspannung ergibt sich damit aus der Summe der charakteristischen Überspannungen für die Elektronenablösung, für den Übergang an der Anode, für den Übergang an der Kathode und der für die Bewegung durch den Elektrolyten.

$$U_{ges} = U_o + U_a + U_k + U_i$$

Mit der Elementarladung e durchmultipliziert erhalten wir die Energiegleichung:

$$E_{ges} = E_o + E_a + E_k + E_i \,.$$

Dabei stehen E_{ges} für die Gesamtenergie, E_o für die Ionisierung des Wasserstoffatoms notwendige Energie, E_a und E_k für die Übergangsenergien an Anode und Kathode sowie E_i als Bewegungsenergie der Ionen im Elektrolyten. Die Energie zur Ablösung des Elektrons beträgt etwa $E_o = eU_o = 1,3$ eV. Mit anderen Worten, unterhalb einer angelegten Spannung von 1,3 V wird sich in unserem Elektrolyseur nichts tun, praktisch wird der Elektrolysevorgang erst bei mehr als zwei Volt einsetzen.

Soviel sei zum Prinzip eines Elektrolyseurs gesagt, in diesem Falle eines mit flüssigem Elektrolyten. Hinsichtlich einer optimierten Stromdichte und geringer Korrosivität wird im Allgemeinen eine wässrige Lösung 30%iger Kalilauge verwendet. Die Arbeitstemperatur liegt bei 80 °C.

Die Ausbeute bei der Elektrolyse lässt sich nach dem ersten Faraday-schen Gesetz berechnen. Will man brauchbare Mengen an Wasserstoff herstellen, so muss schon eine größere Leistung verwendet werden. Zum Beispiel würde ein Elektrolyseur von 20 kW etwa 5 m^3/h Wasserstoff erzeugen. Um nicht auf große Stromstärkewerte zu kommen und dicke Stromkabel zu benötigen, muss mit höherer Spannung gearbeitet werden.

Dazu werden mehrere der oben beschriebenen Elementarelektrolyseure in Reihe geschaltet (Abb. 5.4 und 5.6). Gestaltet man diese aus plattenförmigen Elektroden, die durch Diaphragmaplatten getrennt werden, kann man die einzelnen Zellen hintereinander zu einem Stack – wie bei Brennstoffzellen üblich – zusammenschrauben und erhält die Anschlussspannung als die Summe aller Einzelzellenspannungen. Die heute asbestfreien Diaphragmen sollen dabei wie das Verbindungsröhr-chen in unserem Modell (Abb. 5.3) die Vermischung der Produktgase verhindern und gleichzeitig einen Ionendurchgang gewährleisten. Zur weiteren Optimierung kann der Abstand der den Stack bildenden Platten so gering wie nur möglich gewählt werden. Eine solche „zero gap" – Konstruktion bewirkt für die wandernden Ionen einen verringerten Innenwiderstand. Erheblicher Aufwand wird betrieben, um die wirksame Fläche der Elektroden möglichst groß zu gestalten, Porosität und Kapillarität werden ausgenutzt und natürlich sollen die Produktgase auch nicht die Reaktionsflächen blockieren, sondern Blasen bilden und aufsteigen können. Aber all diese Optimierungsmöglichkeiten sind prinzipiell die gleichen, wie wir sie an Brennstoffzellenstacks kennen gelernt haben. Für das effiziente Funktionieren der elektrochemischen Vorgänge müssen die äußeren und inneren Oberflächen der Elektroden so gestaltet sein, dass die drei Phasen flüssig (Wasser), gasförmig (Wasserstoff und Sauerstoff) und fest (die Elektroden selbst) koexistieren können.

Ein oder mehrere solcher Stacks werden zu dem System Elektrolyseur, indem periphere Komponenten u. a. zu Ver- und Entsorgung, zur Steuerung wie auch zur Sicherheit hinzugefügt werden (Abb. 5.5).

Die Stromversorgungseinheit muss im Allgemeinen neben der Gleichrichtung einen Transformator enthalten, denn die vom Elektrolyseur entsprechend der Anzahl der enthaltenen Elementarzellen geforderte Spannung wird nur selten der Netzspannung entsprechen. Im Separator wird vom erzeugten Wasserstoffgas mitgeschleppter Elektrolyt

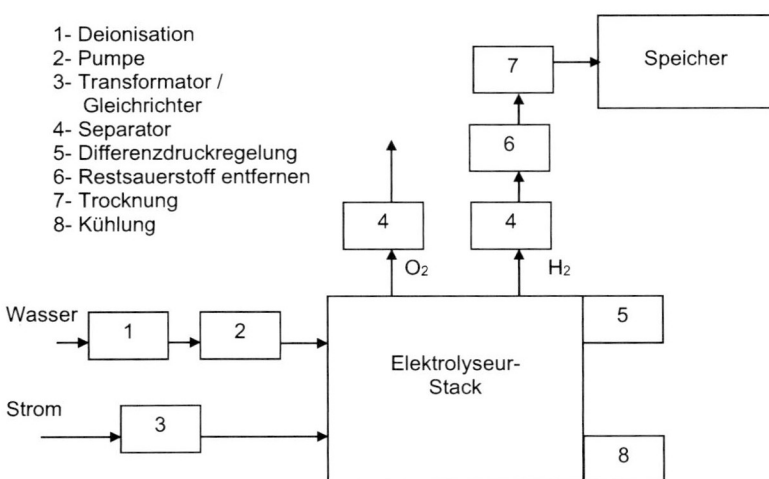

Abb. 5.5 Prinzipaufbau eines alkalischen Elektrolyseursystems

Abb. 5.6 Serienfertigung von alkalischen Elektrolyseuren (Quelle: ENERTRAG AG)

abgetrennt, danach ist auch noch ein Rest von Lauge (Aerosol) auszuwaschen.

Ein Differenzdruckausgleich muss durchgeführt werden, denn entsprechend der Reaktionsgleichung wird auf der Kathodenseite pro Zeiteinheit das doppelte Volumen Wasserstoff gegenüber der Sauerstoffmenge anodenseitig produziert. Das führt zu einem auf das Diaphragma wirkenden einseitigen Druck. Für einen solchen ist ein Diaphragma nicht ausgelegt, er würde es mechanisch belasten und auch seine Funktion beeinträchtigen. Dieser muss also ausgeregelt werden, indem Auslassventile entsprechend angesteuert werden.

Bei dem in der Abbildung berücksichtigten „Katalysator" handelt es sich um eine Komponente, die katalytisch wirkende Oberflächen anbietet, an denen im produzierten Wasserstoff eventuell enthaltene Sauerstoffspuren zu Wasser reagieren und somit die Entstehung eines brennbaren Gemischs sicher vermieden wird. Woher kommt dieser Sauerstoff? Zur Kühlung wird der Elektrolyt umgepumpt und bei Bedarf durch einen Kühler geleitet. Gase lösen sich im temperatur- und druckabhängigen Maße grundsätzlich in Flüssigkeiten. Deshalb sind sowohl Wasserstoff als auch Sauerstoff stets im Elektrolyten enthalten. Ändern sich nun Druck oder Temperatur, so können beide Gase im Stack und im Separator frei gesetzt werden.

Wenn sich Gase über einer Wasseroberfläche befinden, so weisen sie – wie auch die Luft – einen Wasserdampfanteil auf. Angegeben wird dieser mit dem Wert der relativen Luftfeuchte, ebenfalls abhängig von Druck und Temperatur. In geschlossenen Gefäßen herrscht eine 100%ige relative Luftfeuchte. Dies trifft für die im Elektrolyseur erzeugten Gase zu. Der Wasserstoff enthält ungefähr 10 % seines Volumens Wasserdampf. Diese Feuchtigkeit würde beim Komprimieren und bei der Lagerung in Druckgefäßen wie auch bei anderen Speichermethoden Probleme bereiten und muss entfernt werden. Deshalb wird bei Elektrolyseuren meist eine Gastrocknung mitgeliefert. Feuchter Wasserstoff taugt nur zur direkten Verbrennung.

Die eben beschriebene alkalische Elektrolyse, die historisch gesehen erste Methode zur Zerlegung von Wasser, kann atmosphärisch, d. h. drucklos, und als Druckelektrolyse bei bis zu 6 MPa durchgeführt werden. Letztere erreicht bessere Wirkungsgrade. An weiterer Druckerhöhung wird gearbeitet.

Die chemische Gleichung zur elektrolytischen Zerlegung von Wasser gilt auch mit umgekehrter Pfeilrichtung. Ein Gerät, das die Verbrennung von Wasserstoff zu Wasser realisiert, ist die Brennstoffzelle, die aus den gleichen Bestandteilen wie ein Elektrolyseur besteht. Wenn auch nicht mit optimalem Ergebnis, kann doch jeder Elektrolyseur als Brennstoffzelle benutzt werden. Gelegentlich werden auf dem Markt reversible Geräte angeboten, wahlweise und abwechselnd nutzbar für beide Zwecke.

Im Fall der protonenleitenden Membran gelingt es leicht, sich aus dem Strukturschema der PEM-Brennstoffzelle die Abläufe für einen PEM-Elektrolyseur abzuleiten. Bei der Hochtemperatur-Brennstoffzelle mit Festoxidelektrolyten und Sauerstoffionenleitung ist, wenn man sich die Elektrolyseurvariante erklären will, notwendig zu wissen, dass die für die Ionenbeweglichkeit notwendige Temperatur Wärme im Reaktionsraum bedeutet, Wärme, die neben einem elektrischen Feld die Energie zur Wasserzerlegung liefert. Während PEM-Elektrolyseure bereits ein gängiges Produkt auf dem Markt darstellen, befindet sich die Festoxidelektrolyse in reversiblen Brennstoffzellen an der Schwelle zur Kommerzialisierung.

Wasserzerlegung kann auch mittels Licht (Fotolyse beim Gebrauch spezieller Katalysatoren), durch wasserstoffbildende Bakterien oder als Thermolyse bei sehr hohen Temperaturen erfolgen. Dazu laufen Arbeiten in der Forschung. Die Spaltung von Wasser durch Radiolyse stellt einen störenden Effekt beim Umgang mit radioaktiven Materialien dar.

Zur Herstellung von einem Kubikmeter Wasserstoff, d. h. einer Menge von 3 kWh chemischer Energie, werden etwa 800 ml Wasser benötigt. Diesen Wert kann man auf der Basis der chemischen Gleichung der Wasserzerlegung abschätzen, wenn man berücksichtigt, dass das beteiligte Mol gasförmigen Wasserstoffs unter Normalbedingungen das Volumen 22,4 l einnimmt und ein Mol Wasser die Masse von 18 g besitzt. Dieses Wasser wird bei der Verbrennung des Wasserstoffs in den Kreislauf der Natur zurückgegeben.

Hinsichtlich des notwendigen Energieaufwandes kann auf die Erläuterungen zur Brennstoffzelle in Abschn. 3.3 zurückgegriffen werden. Entsprechend Abb. 5.7 beginnt die Kennlinie der Elektrolysezelle bei der thermoneutralen Spannung von 1,48 V, die dem oberen Brennwert von Wasserstoff entspricht, und steigt dann bei höheren Stromwerten durch die beschriebenen Überspannungen auf Werte bis 2 V bei älteren Elektrolyseuren. Für einen Arbeitspunkt ergeben sich wie bei der Brennstoffzelle gut interpretierbare Rechtecke der beteiligten Leistungen. Bis zur reversiblen Zellspannung von 1,23 V erhalten wir die dem Heizwert

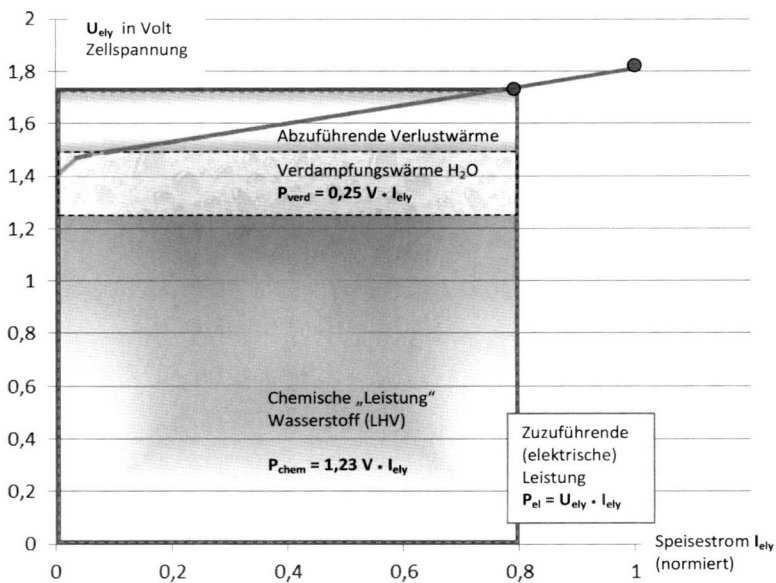

Abb. 5.7 Kennlinie Elektrolyseur mit Leistungsaufteilung

entsprechende chemische Energie des erzeugten Wasserstoffs. Es folgen
die Verdunstungswärme des zugeführten Wassers und die Verlustleis-
tung durch Elektrodenüberspannungen und an den Widerständen. Für
die Abschätzung des Wirkungsgrades einer Elektrolyse ist daher die
reversible Zellspannung von 1,23 V durch die reale Einzelzellspannung
im Arbeitspunkt zu teilen. Moderne Elektrolyseure erreichen hier bei
Zellspannungen von 1,70 V Wirkungsgrade von 70 %.

5.4 Speicherung und Verteilung

Wasserstoff lässt sich als einziges Gas auf viererlei Art speichern, wodurch sich sehr viele unterschiedliche Einsatzweisen ergeben. Bei der
Diskussion der Möglichkeiten zur Speicherung von Wasserstoff sei dar-

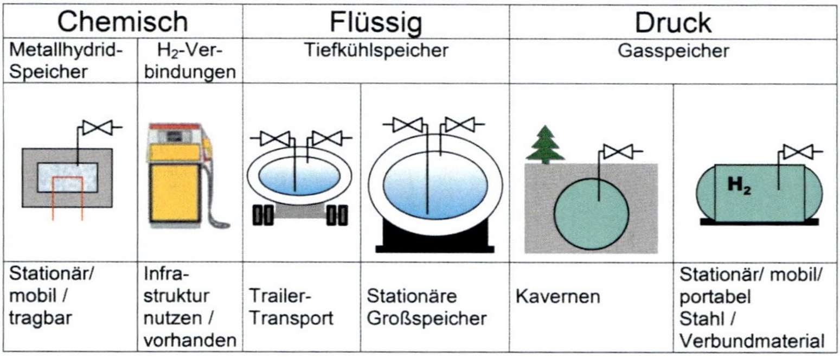

Chemisch		Flüssig		Druck	
Metallhydrid-Speicher	H$_2$-Verbindungen	Tiefkühlspeicher		Gasspeicher	

| Stationär/ mobil / tragbar | Infrastruktur nutzen / vorhanden | Trailer-Transport | Stationäre Großspeicher | Kavernen | Stationär/ mobil/ portabel Stahl / Verbundmaterial |

Abb. 5.8 Speicherung von Wasserstoff

an erinnert, dass ein Ziel dabei stets sein sollte, die Dichte und damit die Energiedichte zu erhöhen (Abschn. 5.1).

Abbildung 5.8 fasst die Speicherarten zusammen. Im Prinzip handelt es sich um Druckspeicherung, Kryospeicherung des verflüssigten Gases sowie Ein- oder Anlagerung von Wasserstoff in Festkörpern. Außerdem kann man wasserstoffhaltige Verbindungen, z. B. Ammoniak und Kohlenwasserstoffe, auf konventionelle Weise speichern und dabei auf die vorhandene Infrastruktur zurückgreifen. Am Ort des Wasserstoffbedarfs muss dann allerdings eine Aufbereitung stattfinden. Ein Beispiel für diese Verfahrensweise sind stationäre und mobile Stromerzeuger mit Wärmeankopplung (KWK-Systeme).

5.4.1 Druckspeicherung

Zur Druckspeicherung des Gases wird, wenn der vom Elektrolyseur erzeugte Druck (z. B. 3 MPa bei der alkalischen Druckelektrolyse) überschritten werden soll, ein speziell für Wasserstoff geeigneter Kompressor benötigt. Die üblichen stählernen Industrie-Gasflaschen mit einem im Allgemeinen 50 l umfassenden geometrischen Volumen eignen sich durchaus. Oft werden mehrere von ihnen zu Flaschenbündeln zusammengefasst. Größere Druckbehälter, z. B. solche mit geometrischen Volumen von etwa 10–100 m^3, stellen den Stand der Technik dar und werden für stationäre Lager mit Drücken um 10 MPa verwendet. Allgemein kann man sagen, dass stationäre Lagerung bei mittlerem Druck erfolgt. Der Aufwand für die Kompression hält sich in Grenzen und hinsichtlich des Platzbedarfs sollte es kein Problem darstellen. Wenn in Abb. 1.3 für den Wirkungsgrad des Speicherschritts 0,95 angegeben worden ist, so bezieht sich dies auf solche Fälle und es bedeutet, dass 5 % der in Form von Wasserstoff gespeicherten Energie für die Kompression aufgewendet werden muss. In Abb. 5.1 sind für die einzelnen Speichermethoden Werte für die Energiedichte des Wasserstoffs zusammengefasst. Vergleichen kann man diese Werte mit der Energiedichte des Dieselkraftstoffs von ungefähr $10 \, \text{kWh} \, \text{l}^{-1}$. Dabei wird erkennbar, dass trotz einer Verdichtung auf 35 MPa Wasserstoff nur weniger als ein Zehntel des Wertes von Diesel erreicht und damit für die mobile Anwendung und eine Tankgröße, wie sie in Kraftfahrzeugen eingesetzt wird, nicht in Betracht kommen kann. Aus diesem Grunde wurde die 70-MPa-Technik entwickelt. In solchen Behältern werden immerhin eine Dichte für Wasserstoff von etwa $40 \, \text{kg} \, \text{m}^{-3}$ und eine Energiedichte um $1{,}3 \, \text{kWh} \, \text{l}^{-1}$ erreicht.

Kurz überschlagen: Etwa 5 l Diesel, d. h. ca. 50 kWh, werden für 100 km Fahrstrecke benötigt. In Abschn. 3.3 wurde dargelegt, dass der Wirkungsgrad einer PEM-Brennstoffzelle im Kraftfahrzeug bei überwiegendem Teillastbetrieb ungefähr doppelt so groß ist wie der eines Verbrennungsmotors. Der Bedarf eines Brennstoffzellen-Hybrid-Wagens für die Vergleichsstrecke betrüge demnach etwa 25 kWh, 1 kg Wasserstoff würde also sicher ausreichen und im 70-MPa-Behälter 25 l Volumen benötigen. Es bestätigt sich demnach die Tendenz zu einem PKW-Tank von „normaler" Größe.

Für die 70-MPa-Technik in Kraftfahrzeugen haben sich Composite-Behälter durchgesetzt. Dünnwandige metallische „Liner" werden mit äußerst festen Faserverbundwerkstoffen bewickelt und vergossen. Es entstehen Tanks, die sich gegenüber Stahlgefäßen durch ein deutlich geringeres Gewicht unterscheiden.

Ganz anders liegen die Verhältnisse, wenn die Druckspeicherung im großen Maßstab in Kavernen erfolgen soll. Hier wird abhängig von der üblichen Tiefe der Kavernen mit einem Druckspiel zwischen 5 und 18 MPa gearbeitet. Entsprechend der Abb. 1.4 liegt die Rechtfertigung für diese Art der Druckspeicherung von Wasserstoff in der besseren

energetischen Ausnutzung der Kaverne gegenüber Druckluft und der
Benutzung eines sauberen Speichermediums.

Wenn man in der Vorbereitung eines Projektes, beispielsweise einer
Notstromanlage auf der Basis der Nutzung regenerativer Energie per
Photovoltaik oder Windenergieanlage, die notwendigerweise zu speichernde Menge Wasserstoffs abgeschätzt hat, wird eine Grundaussage
über die Dimensionierung des Druckbehälters nötig. Es muss abgewogen
werden, welcher Druck über die Wasserstofferzeugung erreicht werden
kann und in welchem Maße der für den Druckbehälter vorgesehene
Druck die Kosten beeinflusst; die Abschätzung des geometrischen Volumens des Speichers steht an. Hierzu können die Eckwerte aus Abb. 5.1
genutzt werden.

5.4.2 Kryospeicherung

Die Speicherung von flüssigem Wasserstoff bei $-252\,°C$ geschieht bei
Normaldruck. Entsprechend der Dichte der Flüssigkeit von $71\,kg\,m^{-3}$
enthält ein Liter 71 g des Kraftstoffs. Damit lässt sich die Energiedichte
zu etwa $2,4\,kWh\,l^{-1}$ berechnen. Kraftfahrzeugtanks müssten also etwa
das Vierfache geometrische Volumen der gebräuchlichen aufweisen oder
andersherum, die Reichweite wäre ein Viertel. Über etwa drei Jahrzehnte
hat BMW eine Flotte von Autos mit derartig versorgten Verbrennungsmotoren erprobt, wobei sehr gut isolierte Tanks eingesetzt worden sind
und nach Verbrauch des Wasserstoffs auf Benzin umgeschaltet werden
konnte, um die übliche Reichweite zu sichern. Schließlich aber wurde diese Technik zugunsten des Einsatzes von Brennstoffzellen ab 2009
nicht weiter verfolgt.

Wird verflüssigter Wasserstoff stationär gespeichert, so weisen die
Isoliergefäße im Allgemeinen eine Öffnung am höchstgelegenen Punkt
auf. Durch diese kann der durch den geringfügigen Wärmeeintrag ständig verdampfende Anteil von Wasserstoff entweichen und baut im Speicher keinen unkontrolliert hohen Druck auf. Die täglichen Abdampfver-
luste liegen im einstelligen Prozentbereich. In geschlossenen Räumen
verbietet sich dies natürlich.

In der Raketenindustrie werden die mobilen Speicher für verflüssigten
Wasserstoff und Sauerstoff erst kurz vor dem Start gefüllt, um die oben

beschriebenen Probleme zu umgehen. Wegen der geringen volumetrischen Energiedichte von Wasserstoff geraten die Booster für Wasserstoff und Sauerstoff wie z. B. beim US-Shuttle gelegentlich größer als der Raumflugkörper selbst. Aber innerhalb der optimierten Startmasse ist der Bedarf für den Treibstoff zugunsten der Nutzlast minimiert. Für Flugzeuge kann ein ähnlicher Weg beschritten werden.

Um zu einer Angabe des Wirkungsgrades der Speicherung von flüssigem Wasserstoff zu gelangen, setzt man die gespeicherte Energie ins Verhältnis zur insgesamt zur Verflüssigung aufzuwendenden Energie einschließlich der gespeicherten Energie selbst. Abhängig von der Größe der Verflüssigungsanlage werden bisher Werte von etwa 0,65–0,70 erreicht, praktisch sind aus heutiger Sicht 0,80 möglich.

5.4.3 Speicherung in Feststoffen

Wasserstoff kann durch Einlagerung (Absorption) und durch Anlagerung (Adsorption) in bzw. an festen Stoffen gespeichert werden.

Ein Beispiel für Adsorption ist die Aufnahme von Wasserstoffgas in Kohlenstoff (Aktivkohle) bei tiefen Temperaturen (Bereich um $-200\,°C$). Nanostrukturierter Kohlenstoff mit noch weiter vergrößerter Oberfläche hat sich bewährt. Allerdings handelt es sich hier eher um eine im Laboratorium genutzte Methode.

Die bekannteste „feste" Speicherung von Wasserstoff ist die Metallhydridbindung. Hierbei handelt es sich um eine Absorption. Typischerweise werden in den Gitterzellen einer metallischen Legierung an energetisch geeigneten Zwischengitterplätzen einzelne Wasserstoffatome eingebunden. Die Atome bilden sich aus den normalerweise vorhandenen Molekülen an der sehr sauberen und deshalb katalytisch wirkenden Oberfläche der Legierungspartikel und können in das Material diffundieren. Die Atome gelangen in eine schwache chemische Bindung. Das bedeutet, sie befinden sich in einem energieärmeren Zustand als nicht gebundene. Sie geben während der Einbindung, der Beladung des Materials mit Wasserstoff, Energie ab, was sich in einer Erwärmung des Festkörpers äußert. Um den Wasserstoff im Bedarfsfall wieder aus seinen Bindungen zu lösen, muss die Bindungsenergie dem Speicher wieder zugeführt werden. Dazu reicht bei den so genannten

Niedertemperatur-Hydriden eine Aufwärmung durch das Kühlwasser eines Verbrennungsmotors im Betriebszustand, bei anderen Legierungen sind bis zu 300 °C nötig, um einen brauchbaren Kraftstoffstrom zu erzeugen.

Die Aufnahmefähigkeit von Metallhydridlegierungen wird mit Wasserstoffkapazität bezeichnet. Im niederen Temperaturbereich liegt sie bei zwei bis drei Gewichtsprozent, bei Hochtemperatur-Hydriden kann sie mehr als 5 % erreichen. Führen wir uns die Verhältnisse an einem Beispiel vor Augen: Angenommen wir haben ein Hydridmaterial, dessen Zusammensetzung durch Nickel bestimmt wird und das dadurch eine Dichte um $7 \, kg \, dm^{-3}$ aufweist, dann würden bei 2 % Wasserstoffkapazität in einem Liter Materialvolumen 140 g Wasserstoff Platz finden. Umgerechnet in die für Gase übliche Dichteeinheit bedeutet dies, innerhalb eines Metallhydridmaterials kann eine Wasserstoffdichte von $140 \, kg \, m^{-3}$ existieren, schlicht die doppelte Dichte des flüssigen Wasserstoffs. Die Energiedichte erreicht mehr als $5 \, kWh \, l^{-1}$, die Hälfte des Wertes von Diesel. Mit einem solchen Tank könnte ein Brennstoffzellenauto gut versorgt werden. Allerdings hätte allein der Materialinhalt des Behälters, tankte man auch nur die Energiemenge, die 20 l Diesel entspräche, einen Rauminhalt von 40 l, aber eine Masse von 280 kg. Damit haben wir das Problem der Metallhydridspeicherung von Wasserstoff erkannt. Für die Mobilität sind derartig schwere Speicher höchstens bei Spezialfahrzeugen (z. B. Gabelstapler) brauchbar. Auch erweist sich die Beladung dieser Speicher als zu langsam. Wenn die dabei sich herausbildende Temperatur zu hoch wird, funktioniert die Einbindung nicht mehr, sodass der Vorgang unterbrochen werden muss, wenn nicht ein effektives internes Kühlsystem eingebaut wird.

Währen der siebziger und achtziger Jahre des vergangenen Jahrhunderts hat Daimler eine Kraftfahrzeugversorgung auf der Basis von Metallhydridspeichern entwickelt und in Berlin bei einem mehrjährigen Flottenexperiment im Zusammenwirken mit einer ARAL-Wasserstofftankstelle erprobt. Eine Speichereinheit, die die Energie von fünf Litern Diesel enthielt, hatte etwa die Masse von 150 kg. Im Ergebnis wurden sowohl diese Art der Wasserstoffversorgung von Kraftfahrzeugen als auch der Betrieb von Gasmotoren im Straßenverkehr mit Wasserstoff verworfen.

Abb. 5.9 Wasserstoff-Truck mit 200-SL-Metallhydridspeicher

Bei Schiffen und Booten allerdings werden große Massen als Ballast zur Sicherung der Stabilität benötigt. Hier empfiehlt sich der Gebrauch von Metallhydridspeichern. In einem technisch interessanten Produkt ist dies realisiert worden: Die U-Boote vom Typ 212 A können im getauchten Zustand über eine Brennstoffzelleneinheit angetrieben werden und werden serienmäßig mit Metallhydridspeichern ausgerüstet.

Ein weiteres Anwendungsfeld für Metallhydridspeicher konnte sich im Laborbetrieb und im Einsatz bei Lehrmitteln herausbilden (Abb. 5.9). Dazu hat auch ihr besonders günstiges Sicherheitsverhalten beigetragen (siehe Abschn. 5.5).

Um die vergleichsweise hohe Energiedichte bei der „festen" Speicherung von Wasserstoff der besseren praktischen Nutzung zu erschließen, hat sich weltweit eine intensive Forschung etabliert. Unter verstärktem Einsatz von leichteren Metallen wie Magnesium und Aluminium, von Kohlenstoff und Zeolithen, dem Einsatz von Alanaten sowie modernen Methoden, der Nanotechnologie wie auch der Konstruktion von metal-organic-frameworks (MOF), um die aktiven Oberflächen zu vergrößern, wird daran gearbeitet, die Wasserstoffkapazität der Materialien noch weiter zu verbessern und die Masse dieser Speicher zu verkleinern.

Die Verteilung von zentral hergestelltem Wasserstoff ist eng mit den Speichermöglichkeiten verbunden. Der Transport gebündelter Industriegasflaschen (max. 30 MPa) oder auch Druckbehältern auf Trailern (bei 20 MPa Betriebsdruck bis zu 7500 Nm^3, etwa 650 kg Wasserstoff) ist üblich. Auch als Flüssigkeit wird Wasserstoff in Kryobehältern und Kryocontainern befördert und kann flüssig umgefüllt oder über einen Verdampfer abgegeben werden.

Die Möglichkeit, Wasserstoff mittels eines Pipeline-Systems zu verteilen, wurde in Deutschland erstmalig im Ruhrgebiet realisiert. Seit 1940 stellt dort ein ca. 240 km langes Netz die Verbindung zwischen Produzenten und Verbrauchern mit einem Betriebsdruck von 2,5 MPa her. Über aufgetretene Probleme beim Betrieb ist nichts bekannt. Auch in anderen Ländern existieren ausgedehnte Systeme, so u. a. in den USA und zwischen Frankreich und den Niederlanden. Ein kleineres Rohrsystem verbindet die mitteldeutschen Chemiestandorte Leuna, Bitterfeld und Piesteritz. – Pipelines sind sicher und kostengünstig. Es bleibt abzuwarten, in welchem Maße sich diese Logistik zukünftig wird ausdehnen können, denn immerhin sind die beiden sauber darstellbaren Energieträger Strom und Wasserstoff praktisch in jeder Größenordnung und nicht an bestimmte Orte gebunden ineinander umwandelbar. Vermutlich wird ein durchgängiger Verkehrsanteil mit Brennstoffzellen-Hybrid-Fahrzeugen hinsichtlich seiner Versorgungsinfrastruktur eine entsprechende Entscheidung erfordern.

5.5 Sicherheit und Handhabung

Der allgemeine Gebrauch von Erdgas wird nicht mit warnenden Sensoren überwacht. Auch bei der Benutzung des Stadtgases kamen unsere Vorfahren ohne diese Technik aus, sie verließen sich auf den Geruchssinn. Bei den Anwendungen des farb-, geschmack- und geruchlosen Wasserstoffs wird daher zunächst nichts ohne Sensortechnik laufen, da der bei Erdgas übliche Zusatz von Odorierungsmitteln technisch problematisch ist. PEM-Brennstoffzellen benötigen hochreinen Wasserstoff 5.0, somit sind 99,9990 Vol% des Gases Wasserstoffmoleküle. Die zugesetzten Geruchsstoffe dürften neben den üblichen Forderungen keine Katalysatorgifte sein und keinen Schwefel enthalten. Diese Fremdgasgrenze von somit 10 ppm (parts per million), d. h. 10 Fremdgasteilchen auf 10^6 Gasmoleküle, wird von den heute in einer Konzentration von 7 ppm zugegebenen schwefelfreien Odorierungsmitteln bei Erdgas bereits unterschritten, insofern sind auch Geruchszusätze bei Wasserstoff technisch nicht ganz ausgeschlossen.

Aus Sicht des sicheren Gebrauchs von Wasserstoff stehen drei seiner Eigenschaften im Blickpunkt: Der weite Zündbereich seines Gemischs mit Luft oder Sauerstoff, seine sehr geringe Dichte und die hohe Diffusivität seiner kleinen Moleküle wie auch seiner Atome und Ionen.

Zunächst aber sei an dieser Stelle nochmals darauf hingewiesen: Das Gas ist ein Kraftstoff wie Erdgas, Diesel und Benzin. Von einem solchen verlangen wir, Energie – und zwar möglichst viel – zur Verfügung zu halten. Bei allen Kraftstoffen haben wir uns dabei an bestimmte Vorkehrungen und Verhaltensweisen gewöhnen müssen, denn die Energie soll in definierter Weise und kontrolliert in brauchbare umgewandelt werden. Beim Wasserstoff ist das nicht anders.

Ein Gemisch von wenigstens 4 Vol. % Wasserstoff und Luft bis zu einem Wert von 75 Vol. % Wasserstoff und Luft entzündet sich bei einer Temperatur von 585 °C von selbst. Kommt es mit einer Flamme oder einem – auch denkbar kleinen – Funken in Berührung, so entflammt oder explodiert die Mischung. In einem etwas schmaleren Bereich von 18,3 bis 59,0 Vol. % Wasserstoffanteil ist mit einer Detonation zu rechnen, die Umsetzung breitet sich mit Überschallgeschwindigkeit aus. Diese unterschiedlichen Ereignisse hängen mit der Menge des vorhandenen Sauerstoffs und der Ausbreitungsgeschwindigkeit der Flammfront zusammen. Für den praktischen Gebrauch bedeutet das, im Prinzip ist jede ungewollte Mischung von Wasserstoff und Luft zu vermeiden, insbesondere in abgeschlossenen Räumen. Wasserstoffsensoren sprechen üblicherweise bei einem Zehntel des kritischen Wertes an, also bei 0,4 Vol. %. Im Freien ist nicht mit Explosionen zu rechnen, weil sich eine Wasserstoffwolke und auch eine aus Wasserstoff-Luft-Gemisch wegen ihrer geringeren Dichte im Allgemeinen aufwärts bewegt und sich damit von möglichen Zündquellen entfernt.

Wasserstoff mit seinen kleinen Molekülen besitzt mit 0,61 cm^2 s^{-1} den größten Diffusionskoeffizienten aller Gase. Das entspricht etwa dem vierfachen Wert von Methan und gegenüber verdampftem Benzin beträgt der Unterschied eine Größenordnung. Diffusion bedeutet Konzentrationsausgleich. Deshalb kann man nicht davon ausgehen, dass Wasserstoff sich ausschließlich nach oben bewegt. Von der Austrittsstelle ausgehend ist durchaus mit allseitiger Ausbreitung zu rechnen. Zudem kann sich durch Entspannung (Austritt aus einem Druckgefäß) örtlich eine deutlich tiefere Temperatur als in der weiteren Umgebung herausbil-

den, Luftfeuchtigkeit wird kondensieren, wodurch sich wiederum eine
Vergrößerung der Dichte des Gasgemischs einstellt. Strömungen wirken
sich ebenfalls aus. – Alles in allem, man soll nicht davon ausgehen,
dass austretender Wasserstoff nach oben entschwindet, auch wenn dazu
eine grundsätzliche Tendenz besteht. Deshalb und in Hinblick auf ein
schleichendes Entweichen von Wasserstoff aus einer Apparatur sind in
Räumen, in denen Wasserstoff gelagert und verwendet wird, in der De-
cke Auslässe installiert. Unwahrscheinlich sind für Wasserstoff Unfälle,
wie sie sich etwa mit Propan ereignen, wo durch Undichtigkeiten im
System ein tiefer gelegener Raum sich mit brennbarem Gemisch füllt
und auf einen zündenden Funken wartet. Wasserstoffgas ist flüchtig.

Nicht nur die rasche Durchmischung anderer Gase mit Wasserstoff ist
eine Folge der hohen Diffusivität. Auch feste Stoffe, die ja mikrosko-
pisch oft durch eine Gitterstruktur gekennzeichnet sind, können von den
kleinen Molekülen durchdrungen werden. Das bedeutet nicht, dass stäh-
lerne Druckbehälter oder auch Liner sich leeren. In diesen Fällen sind
die Diffusionsraten praktisch vernachlässigbar und die Permeation bleibt
ohne Folgen. Die üblichen Industriegasflaschen werden seit 100 Jahren
problemlos benutzt.

Durchaus problematisch kann es aber werden, wenn durch eine katalytische Wirkung an der Oberfläche von Rohren oder Behältern aus bestimmten Stählen Wasserstoffmoleküle dissoziieren. Dann dringen Atome in die Oberflächen ein. In Form von einzelnen Atomen diffundiert
Wasserstoff durch Gefüge. Die ursächliche Katalyse kann an sich frisch
gebildeten Rissen oder Mikrorissen stattfinden, denn völlig reine metallische Oberflächen, die dabei entstehen, zeigen katalytische Wirkung.
Der Effekt ist zwar sehr klein, der dabei aber möglicherweise gebilde-
te Wasserstoff verbleibt im metallischen Gefüge und sammelt sich an.
Sobald nämlich die entstandenen Atome bei ihrer Migration im Material in einer gefügetypischen Fehlstelle, einem Loch, einer Korngrenze
oder einer Versetzung Raum finden und ein zweites Wasserstoffatom
treffen, bilden sie ein Molekül, das nun gleichsam ortsgebunden ist, denn
Moleküle haben eine geringere Diffusivität. Eine Ansammlung von Molekülen an bestimmten Stellen bedeutet die Herausbildung eines inneren
Drucks, der überlagert mit äußerer Belastung die Herausbildung von Mikrorissen oder auch Rissfortschritt bewirken kann. Damit würden wiederum an frischen Flächen Wasserstoffatome entstehen können und der

Kreislauf wiederholt sich, bis sich makroskopisch eine Versprödung bemerkbar macht, die Anlass zur Verringerung der Festigkeit des Materials bietet und bei Druckbeaufschlagung zum Bersten führen kann. – Um diesen Effekt zu vermeiden, werden die stählernen Oberflächen deaktiviert, bestimmte Gefügearten, z. B. Martensit, nicht zugelassen, Belastungsgrenzen für Bauteile werden festgelegt oder auch deren Gebrauchszeit begrenzt.

An diesem Beispiel zeigt sich, dass Sicherheit nicht nur von Eigenschaften des Wasserstoffs abhängt, sondern auch von der Einhaltung von Regeln, die den Umgang mit ihm festlegen.

Für die quantitative und qualitative Analyse von Gasen bzw. in die Gasphase überführten Stoffen werden im Labor Massenspektrometer eingesetzt. Für den praktischen Nachweis von Wasserstoff bei dessen Handhabung sind sie weniger geeignet. Hier besteht vor allem ein Bedarf an einfachen und zuverlässigen Wasserstoffdetektoren für das Überschreiten von Konzentrationsgrenzwerten. Zusätzlich benötigt man Wasserstoff-Durchflussmesser, um bei Betankungen u. ä. die abgegebene Menge gasförmigen Wasserstoffs eichfähig in Standard- oder Normlitern (SL bzw. Nl) bzw. in Kilogramm messen zu können.

Wasserstoffdetektoren sind für eine sichere Funktion immer an gewisse Einsatzbedingungen gebunden. So setzt sich Wasserstoff in Gegenwart von Luft an Platin katalytisch zu Wasser um. Die Temperaturerhöhung des Katalysatorträgers durch die exotherme Reaktion wird gemessen und in eine entsprechende H_2-Konzentration umgerechnet.

Eine zweite Möglichkeit besteht in der Bestimmung der Wärmeleitfähigkeit, die bei Wasserstoff deutlich höher als bei anderen Gasen ist und zu seinem Einsatz als Kühlmittel in Elektrogeneratoren geführt hat. Ein geheizter Draht wird in einem wasserstoffhaltigen Gas stärker gekühlt als ein Referenzdraht gleicher Temperatur. Dieser Temperaturunterschied führt zu mit einer Messbrücke auswertbaren Widerstandsänderungen. Üblicherweise ist eine solche Messeinrichtung den Gaschromatografen in chemischen Laboren vorgeschaltet.

Palladium hat für die Wasserstoffsensorik sehr interessante Eigenschaften: Das Metall ist für Wasserstoffmoleküle durchlässig und kann als Molekularsieb aus einem Gasgemisch Wasserstoff abtrennen. In einem abgeschlossenen Volumen hinter einem Palladiumfenster stellt sich also je nach Konzentration des Wasserstoffs im vorbeiströmenden Gasstrom ein entsprechender Druck ein. Außerdem können Palladium und andere Stoffe wie Zinnoxid und Indiumoxid Wasserstoff ähnlich wie ein Schwamm aufnehmen und verändern dabei ihre Ausdehnung. Diese kleinsten Druck- bzw. Abmaßänderungen werden mit Standardmethoden relativ einfach in elektrische Signale umgesetzt.

Für den breiten Einsatz haben sich Metalloxid- Halbleiter-Gassensoren etabliert. Die bereits 1965 von N. Taguchi gefundene Widerstandsveränderung einer Zinnoxidschicht bei Gegenwart reduzierender oder oxydierender Gase wird auf die zu detektierenden Gase ausgelegt, wobei die verfügbaren Mikrosystemlösungen nur kleine Heizleistungen benötigen. Bereits Ein-Sensor-Systeme sind durch Auswertung der Signalantwort bei spezifischen Anregungssignalen als künstliche Nase für die Unterscheidung und Überwachung von Gaszusammensetzungen konfigurierbar.

Flächige bzw. punktgebundene Änderungen von Fluoreszenz- und anderen optischen Eigenschaften werden schließlich bei Lichtwellenleitersensoren ausgenutzt, die auf diese Weise ganze Bereiche überwachen können, in denen sie verlegt werden. Ähnlich den Sauerstoffsensoren im medizinischen Bereich wird an kostengünstigen Wasserstoffsensoren für den kommenden breiten Einsatz gearbeitet.

Der Markt bietet eine zunehmende Vielfalt von Produkten (Abb. 5.10), gekennzeichnet z. B. durch den Einsatz von Halbleitermaterialien auch für erweiterte Temperaturbereiche. Die Verantwortung der Auswahl liegt letztlich beim Nutzer. Insbesondere muss man wissen, in welchem Bereich und bis zu welcher Genauigkeit man den Nachweis benötigt, ob ein Sensor wirklich selektiv auf Wasserstoff reagiert oder mit Nebeneffekten und Querempfindlichkeiten zu rechnen ist. Abgesehen von seinem schnellen Reagieren ist von einem Sensor auch rasche Regenerierbarkeit zu verlangen, damit die unmittelbare Wiederholung von Messung und Anzeige gewährleistet sind. Neben weiteren Gesichtspunkten ist schließlich eine geringe Speiseleistung wichtig, damit der Betrieb der Wasserstoffüberwachung ähnlich einem Brandmelder auch erfolgen kann, wenn die betreffende Anlage nicht in Betrieb ist.

Neben der Wasserstoffdetektion im Gefahrenfall müssen auch der gasförmige Wasserstoffdurchsatz und die Füllung von Behältern messtechnisch beherrscht werden. Während Druckgasspeicher über den Wasserstoffdruck einer Messung zugänglich sind, ist bei Metallhydrid-

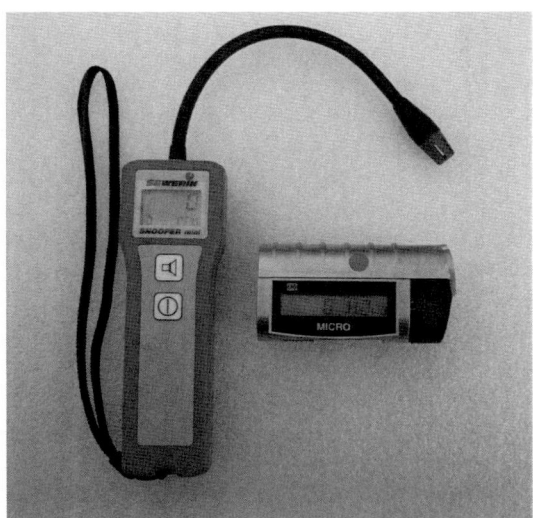

Abb. 5.10 Wasserstoff-Gaslecksuchgerät und Gaswarner

speichern auf Grund der flachen Druckkennlinie die Aufintegration des
Füll- bzw. Entladevorgangs notwendig. Dazu eingesetzte Wasserstoff-
durchflussmesser sind auf Wasserstoff kalibrierte Gasdurchflusssensoren
u. U. mit Totalisatorfunktion zur Anzeige des seit Inbetriebnahme hin-
durchgeflossenen Gasvolumens. Neben mechanischen Systemen (Flü-
gelrad und Schwebekörper) für Anzeigefunktionen werden für kleinste
und mittlere Durchflüsse vor allem thermoelektrische CMOS-Halblei-
tersensoren eingesetzt, die den Wärmetransport des fließenden Gases
mit Widerstandsbrücken im Gasstrom auswerten. Mit Bypasslösungen
werden den kleinen Sensoren dabei auch größere Rohrdurchmesser zugänglich und Proportional-Magnetventile ergänzen die Flowmeter zu
kompakten Durchflussreglern.

Literatur

[1] Kordesch K, Simader G (1996) Fuel Cells and Their Application. VCH Verlagsgesellschaft mbH, Weinheim

[2] Winter CJ, Nitsch J (1989) Wasserstoff als Energieträger, 2. Aufl. Springer, Berlin

[3] Geitmann S (2004) Wasserstoff und Brennstoffzellen – Die Technik von morgen. Hydrogeit Verlag, Kremmen

[4] Landesinitiative Zukunftsenergien NRW (2001/2010) Wasserstoff – Nachhaltige Energie. http://www.energieregion-el.de/downloads/Wasserstoff.pdf

[5] Töpler J, Lehmann J (2013) Wasserstoff und Brennstoffzelle – Technologien und Marktperspektiven. Springer Vieweg, Berlin Heidelberg

[6]   http://www.fuelcelltoday.com/analysis/surveys/2013/water-electrolysis-renewable-energy-systems

Wasserstoffbetriebene Fahrzeuge 6

Zusammenfassung

Wasserstoff- und Brennstoffzellentechnik klingen zunächst futuristisch. Schaut man aber auf die Vielzahl der Anwendungen, dann handelt es sich um eine jahrzehntelang „gereifte" Technologie. Von der Apollo-Mission über U-Boote bis zum unermüdlichen Gabelstapler in unseren Warenlogistik-Zentren oder dem Rennwagen, der auf 100 km nur 7 g Wasserstoff benötigt, spannt sich der Bogen der ersten Anwendungen. Wie sehr unser heutiges Leben durch Smartphone und PC beeinflusst werden, war vor zwanzig Jahren kaum vorstellbar, bald werden Wasserstoff-USB-Lader auch in Europa das Laden unserer I-Phones fernab der Steckdose ermöglichen. So bahnen sich ähnliche Veränderungen im Energiebereich durch Wasserstoff und seine Nutzung an – wenngleich vielleicht die Mikroleitung tiefkalten Wasserstoffs zu jedem Gebäude gegenwärtig unser Vorstellungsvermögen noch übersteigt. Lassen wir uns also mit Blick auf die gegenwärtigen Lösungen von den zukünftigen Entwicklungen überraschen, an denen Ingenieure, Konstrukteure, Chemiker und Physiker bereits intensiv arbeiten.

6.1 Wasserstoff in klassischen Verbrennungsmaschinen

Der Einsatz von Wasserstoff als Kraftstoff erfolgte zunächst über die heiße Verbrennung und die Nutzung der damit verbundenen Volumenexpansion direkt für den Rückstoß in Raketentriebwerken, zusätzlich gekoppelt mit der Verdichtung der Ansaugluft bei Turbinen bzw. der un-

J. Lehmann und T. Luschtinetz, *Wasserstoff und Brennstoffzellen*,   103
Technik im Fokus, DOI 10.1007/978-3-642-34668-2_6,
© Springer-Verlag Berlin Heidelberg 2014

mittelbaren Abnahme mechanischer Energie in Verbrennungskraftmaschinen. Die Verbrennung von Wasserstoff erfordert die Abstimmung auf die besonderen Eigenschaften von Wasserstoff. Durch den relativ geringen volumenbezogenen Heizwert sinkt bei gleicher Verdichtung zwar die Leistung im Vergleich zu Erdgas- oder Benzinmotoren, die bei stöchiometrischer Verbrennung mit 2045 °C erreichten sehr hohen Verbrennungstemperaturen und die hohe Brenngeschwindigkeit stellen aber an die eingesetzten Materialien besondere Anforderungen. Vorteilhaft ist die Reduzierung der Bildung von Stickoxiden bei einer Wasserstoffverbrennung mit Luftüberschuss.

6.1.1 Raketenantriebe

Wasserstoff/Sauerstoff-Gemische spielen in der Raumfahrt als Treibstoff eine wichtige Rolle. Bei ihrem Einsatz in Raketentriebwerken erreichen sie den höchsten spezifischen Impuls von 4400 m/s gegenüber 3300 m/s mit anderen flüssigen bzw. 2900 m/s mit festen Brennstoffen. Die Technologien nehmen in dieser Reihung zwar in der Leistungsfähigkeit ab, sind aber deutlich einfacher und preiswerter. Daher besitzen Mehrstufenraketen in der 1. Stufe meist Feststoffantriebe, gefolgt von Flüssigantrieben in der 2. Stufe bzw. den anspruchsvolleren Wasserstoffantrieben.

Beispiele sind die zweite und dritte Stufe der Saturn V im Apollo-Programm, die mit flüssigem Wasserstoff und Sauerstoff arbeiteten. Auch die bis zu zehnmal wieder verwendbaren Hauptantriebe des Space Shuttle wurden mit flüssigem Wasserstoff und flüssigem Sauerstoff aus dem mitgeführten Außentank betrieben. Der voluminöse Tank wurde nach einer Brenndauer der Haupttriebwerke von ca. 8,5 Minuten mit Erreichen der Orbitgeschwindigkeit abgeworfen (Abb. 6.1).

Außer dem Einsatz als Brennstoff in chemischen Raketentriebwerken ist Wasserstoff auch zur Impulsübertragung in alternativen Raketenantrieben einsetzbar. Dabei wird Wasserstoff als Stützmasse z. B. elektrothermisch oder durch eine Kernreaktion auf mehr als 3000 °C erhitzt. Beim Ausströmen dieses heißen Gases aus der Raketendüse wird der Antriebsimpuls generiert.

Abb. 6.1 Wasserstoff-Sauerstoff-Tank (in der Mitte) und Booster des Space-Shuttle (1994)

6.1.2 Wasserstoffturbinen für Flugzeuge

Während bei Raketentriebwerken das Oxydationsmittel z. B. als tiefkalter flüssiger Sauerstoff mitgeführt wird, entnehmen Luftstrahlturbinen den Sauerstoff für die Verbrennung der mit der Turbine verdichteten Umgebungsluft. Sie sind daher an die Atmosphäre gebunden, quasi luftatmend. Die Verbrennungsgase können zum Einen mit ihrer kinetischen Energie für den Rückstoß genutzt werden, treiben aber vor allem über u. U. mehrstufige Turbinen entsprechend mehrstufige Kompressoren zur Luftverdichtung an. Der Vortrieb wird so bei den meisten modernen zivilen Turbofan-Strahltriebwerken durch eine vorgelagerte langsam laufende großvolumige Verdichterstufe bereitgestellt, die die beschleunigte Luft als Neben- bzw. Mantelstrom um das eigentliche Kerntriebwerk mit dem dort ablaufenden Verbrennungsvorgang herum zur Schubdüse drückt.

Motivation für die Nutzung von flüssigem Wasserstoff als Brennstoff ist neben dem CO_2-freien Betrieb vor allem die mögliche Verringerung des Startgewichts um ca. 50 %, da sich das Gewicht des Kraftstoffs auf ein Drittel reduziert. Dies war in den 50er Jahren ein Ausgangspunkt für das US-amerikanische Suntan-Projekt, ein Überschall-Spionageflugzeug für große Höhen als Nachfolger der U 2 zu entwickeln. Im zivilen Bereich erprobte die Aeroflot nach mehrjähriger Entwicklung im Jahr 1988 mit der TU 155 eine Wasserstoffversion der dreistrahligen TU 154, wobei sich der Kryo-Wasserstofftank im hinteren Bereich der Passagierkabine befand. Das Versuchsprogramm endete aber bereits nach wenigen Flügen wegen der hohen Kosten des Flüssigwasserstoffs und der fehlenden Wasserstoffinfrastruktur auf den Flughäfen. Diese Arbeiten wurden u. a. in dem 1990 begonnenen deutsch-russischen Projekt ‚Cryoplane‘ fortgesetzt, in dem bis 2010 ein umweltfreundlicher Jet auf der Basis des Airbus A 310 entstehen sollte, das aber 2002 vorzeitig beendet wurde.

6.1.3 Wasserstoff-Motore für PKW

Beim Wasserstoffverbrennungsmotor wird ein konventioneller Verbrennungsmotor mit Wasserstoff als Kraftstoff betrieben. Der Gesamtprozess arbeitet dabei nach dem Ottoprinzip wie in herkömmlichen Benzinmotoren. Bei der äußeren Gemischaufbereitung können diese Motoren relativ einfach durch Einblasen von Wasserstoff in den Ansaugkanal für den Betrieb mit Wasserstoff modifiziert werden, aber auch die innere Gemischbildung durch Direkteinspritzung ist möglich. Als Verbrennungsprodukte fallen Wasserdampf und gut über die Luftzahl steuerbare Stickoxide an. Im Abgas nachweisbar sind auch auf das Motoröl zurückgehende Kohlenstoffverbindungen. Feinstaub wird nicht freigesetzt.

Der Wirkungsgrad von Wasserstoffmotoren ist höher als von Benzinmotoren, da die Verbrennung durch die hohe Brenngeschwindigkeit einem Gleichraumprozess näher kommt als ein Benzinmotor. Allerdings führt der niedrigere volumenbezogene Heizwert von Wasserstoff und der Betrieb mit einem relativ hohen Luftüberschuss zu einer niedrigeren volumenbezogenen Leistung, so dass bei gleichem Hubraum die Leistung sinkt.

Ein erstes Interesse an Wasserstoffmotoren resultierte aus dem Gedanken einer Brückentechnologie: Wasserstoff-Ottomotoren könnten bis zur Verfügbarkeit von Brennstoffzellenfahrzeugen eine Nachfrage nach (grünem) Wasserstoff als zukünftigem emissionsfreiem Kraftstoff platzieren und so den Aufbau einer Wasserstoff-Infrastruktur und das Sammeln von Einsatzerfahrungen mit anschieben.

Insbesondere BMW engagierte sich daher auf diesem Gebiet und stellte bereits 1979 seinen ersten Wasserstoff-4-Zylindermotor vor. Im Jahr 2000 fertigte man zunächst 15 BMW 750hL, im Jahr 2004 folgte der Wasserstoffrennwagen H2R und 2006 wurden einhundert nur leasbare BMW Hydrogen 7 produziert. Wesentliche Erfahrungen sammelte man bei der Modifikation des Ottomotors für den bivalenten Benzin/Wasserstoff-Betrieb und gemeinsam mit Linde bei der Verbesserung der Speicherung des flüssigen, tiefkalten Wasserstoffs und des Betankungsvorgangs. Der 12-Zylinder-Motor mit einem Hubraum von 6 Litern liegt mit seinem Wasserstoffverbrauch von 3,6 kg/100 km (= 13,3 l Benzinäquivalent) nur wenig unter dem Verbrauch von 13,9 l Benzin/100 km im Benzinbetrieb, die verfügbare Motorleistung reduziert sich jedoch von 327 kW auf 191 kW bei Wasserstoffbetrieb. Die bei −253 °C im Kryotank gespeicherten 8 kg Wasserstoff ergeben eine theoretische Reichweite von 200 km, wobei allerdings 50 % des Tankinhalts nach 9 Tagen Standzeit aus dem Tank abgedampft sind. BMW verwies immer stark auf die BMW-typische Fahrdynamik auch dieser Oberklasselimousine, stellte das Erprobungsprogramm aber bereits 2009 ein.

a   b

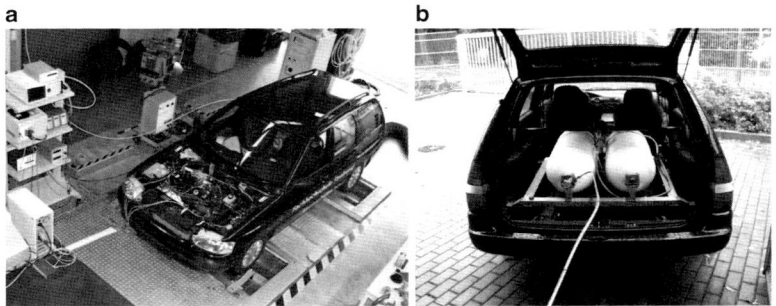

Abb. 6.2 Wasserstoff-Ford der FH Stralsund (1996)

In den neunziger Jahren wurde auch an Hochschulen wie an der FH Stralsund (Abb. 6.2) der Wasserstoff- bzw. Mischgasbetrieb von entsprechend umgerüsteten Ottomotoren untersucht.

Diese werden zunehmend im stationären Bereich als Blockheizkraftwerke nachgefragt, um zwischengespeicherten Wasserstoff bedarfsgerecht verstromen zu können. Auf Grund der bisher begrenzten Betriebsdauer reiner Wasserstoffmotoren wurden für erste Projekte zunächst Mischgas-BHKW eingesetzt, bei denen dem Erdgas recht problemlos bis zu 85 % Wasserstoff beigemischt wurde. Aktuell sind Wasserstoffmotoren mehrerer Hersteller im 200 kW-Bereich verfügbar.

Eine interessante Option ist die Wiederbelebung des Wankel-Motors für den Wasserstoffeinsatz durch den Autokonzern Mazda. Der von 2003 bis 2010 produzierte Sportwagen Mazda RX-8 Hydrogen RE wurde von einem bivalenten Zwei-Scheiben-Wankelmotor angetrieben. Die 2,4 kg mitgeführter Wasserstoff für das 1,5 t schwere Sportcoupe ergaben eine Reichweite von 100 km bei einer Leistung von 80 kW, im Benzinbetrieb wurden 154 kW erreicht.

6.2   Hauptantriebe mit Brennstoffzellen

6.2.1   Hocheffiziente Leichtfahrzeuge

Jeder Einzelne versucht angesichts verstopfter Innenstädte, kostenintensiver Parkplätze und stetig steigender Kosten für Kraftstoff und Unterhalt des PKW, seinen persönlichen Aufwand für die individuelle Fortbewegung zu minimieren. Dies beginnt bei der Vermeidung unnötiger Fahrten, der wieder stärkeren Einbeziehung des unmotorisierten Transportes zu Fuß oder per Fahrrad, der stärkeren Nutzung der öffentlichen Verkehrsangebote und führt zwangsläufig zur Suche nach innovativen und kraftstoffsparenden Konzepte und Technologien.

Hier stellt sich die Frage, inwieweit der Energieverbrauch je 100 Personenkilometer überhaupt theoretisch gesenkt werden kann und was praktisch heute bereits erreichbar ist. Mitarbeiter des Shell-Konzerns wollten dies bereits 1929 herausfinden und führten das erste interne Wettrennen um den geringsten Benzinverbrauch durch – die erreichten knapp fünf Liter für eine Strecke von 100 Kilometern waren für damalige Verhältnisse schon beeindruckend.

Daraus entwickelte sich der ab 1985 jährlich und mittlerweile auf drei Kontinenten ausgetragene **Shell Eco-marathon**. Die startenden Schüler- und Hochschulteams treten dabei in den beiden Hauptklassen straßentaugliche Urban-Concept-Fahrzeuge und Prototypen-Rennwagen um einen minimalen Kraftstoffverbrauch an. Die Rennregeln auf der derzeitigen europäischen Rennstrecke um die Ahoy-Arena in Rotterdam (seit 2012) fordern für die fast ausschließlich dreirädrigen Prototypen das Absolvieren von 10 Runden mit einer Gesamtlänge von 16 km innerhalb von 39 min, d. h. mit einer Mindestdurchschnittsgeschwindigkeit von 25 km/h. Die FahrerIn muss mit Kleidung, Helm und ggf. Zusatzgewichten mindestens 50 kg auf die Waage bringen.

Im vergangenen Jahrzehnt war es ein Kopf an Kopf-Rennen der Benzin-Verbrennungsmotoren und Wasserstoff-Brennstoffzellen-Fahrzeuge, das in beiden Kategorien durch die französischen Teams aus Nantes (Abb. 6.3) geprägt wurde, die sich auf dem Eurospeedway in der Lausitz in den Jahren 2009 bis 2011 einem Verbrauch von 20 ml Benzinäquivalent/100 km näherten, den das Schweizer PacCar-Team bereits 2006

Abb. 6.3 Rennwagen des französischen Teams La Joliverie aus Nantes (Shell Eco-marathon 2011)

auf einem idealen Rundkurs in einem speziellen Rekordversuch erreicht hatte.

Die Angabe der mit einem Liter Benzin erreichten Reichweite ist bei diesem geringen Verbrauch besser vorstellbar, sie beträgt beeindruckende 5000 km. Mit Einbeziehung von Batteriefahrzeugen wurde 2011 für alle Elektrofahrzeuge die Reichweitenangabe auf die mit einer Kilowattstunde Energie gefahrene Strecke (km/kWh) umgestellt. Durch Multiplikation der km/kWh-Angaben mit 8,8 erhält man dann wieder die Reichweiten in km/Liter Benzin und umgekehrt.

Die besten Batteriefahrzeuge erreichen auf dem derzeitigen Rennkurs in Rotterdam 1200 km/kWh, die besten Brennstoffzellenfahrzeuge 350 km/kWh gleichauf mit den Verbrennern. Deutliche Unterschiede weisen dabei die Fahrstrategien der beiden verwendeten Hauptantriebe auf. Während die Brennstoffzellen- und Batteriefahrzeuge recht gleichförmig mit der Sollgeschwindigkeit ihre Runden drehen, beschleunigen die Verbrenner auf etwa 40 km/h und lassen sich dann bei abgeschaltetem Motor ausrollen.

Das Gewicht der besten Rennwagen liegt bei 25 kg – sie besitzen einen Überrollbügel, drei gebremste Räder, Brandschott als auch Feuerlöscher, und werden mit Sturzhelm und 5-Punkt-Sicherheitsgurt gefahren. Da sie kaum höher als die Stoßstange unserer PKW sind, würde

Abb. 6.4 BZ-System mit 200 bar-Wasserstoff-Flasche des Teams ThaiGer-H2-Racing der FH Stralsund (SEM 2013)

man sie im Straßenverkehr kaum wahrnehmen. Hinzu kommt die fehlende Alltagstauglichkeit der Rennreifen hinsichtlich Regenhaftung und Robustheit. Diese speziellen Radialreifen weisen nur etwa 10 % des Rollwiderstandes von Fahrradrennradreifen auf und liegen damit in der Nähe der Rollreibung des Systems Stahlrad-Schiene.

Recht unproblematisch gestaltet sich das Nachtanken der jeweils 70 Liter Wasserstoffgas für die Prototyp-Klasse. Vom Veranstalter erhalten die Rennteams mit Wasserstoff gefüllte 200 bar-Aluminium-Druckflaschen mit 0,35 l Inhalt. Die Flaschenverschraubung kann im drucklosen Zustand sogar von Hand gelöst und ausreichend fest wieder angezogen werden, wenn ein System mit O-Ringdichtung eingesetzt wird – das praktizieren viele Teams in der Warteschlange unmittelbar vor der Startzone (Abb. 6.4).

Für die alltägliche Nutzung müssen wir uns von diesen Leichtrennwagen mit Liegerad-Luftwiderstand und der minimierten Rollreibung leider verabschieden. Die so erreichbare maximale theoretische Reichweite liegt bei etwa 2500 km/kWh bzw. einem Verbrauch von 0,04 kWh/100 km und sollten wir uns als Referenzwert merken.

6.2.2 Zweiräder für Innenstädte und Tourismusregionen

Abgasfreie Mobilität im Nahbereich und eine geringe Belegung des Verkehrsraumes werden mit dem Fahrrad ideal erreicht. Eine geringe elektrische Motorisierung hebt den Nutzwert beträchtlich, das belegt der Absatz der Pedelecs.

Im Vergleich zu den Leichtrennwagen bringt nicht nur die aufrechte Sitzhaltung einen beachtlichen und quadratisch mit der Geschwindigkeit steigenden Luftwiderstand, zusätzlich erhöht die Rollreibung der Straßenreifen bei Pedelecs den Energiebedarf. Dieser liegt praktisch bei 0,5 bis 2 kWh/100 km, wodurch sich mit 250 Wh-Akkus eine Reichweite von max. etwa 50 km ergibt. Die Erhöhung der Reichweite ist also sichtlich an leistungsfähige Batterien bzw. den Einsatz von Wasserstoff gebunden.

Nachdem ein 2003 von NovArs vorgestelltes Wasserstoff-Fahrrad nicht in Serie ging, ist nun für 2014 ein H2-Pedelec der Firma Gernweit angekündigt. Es hat eine Reichweite von 100 km und dazu eine PEM-Brennstoffzelle mit zwei 2-Liter-Druckspeichern (300 bar) an Bord. Technisch ähnliche Lösungen mit Metallhydridspeichern wurden bereits für Rollstühle, Fahrradrikschas und beim besagten NovArs-Prototyp vorgestellt. Das geringere Volumen und der mit 20 bar deutlich niedrigere Druck dieser Speicher sind mit einem größeren Speichergewicht durch das notwendige Metallpulver und einer längeren Beladungsdauer verbunden. Daher sind diese für Kleinanwendungen ausgesprochen sicheren Wasserstoffspeicher beim Shell Eco-marathon seit 2011 nicht mehr im Gebrauch.

Der bereits 2009 vorgestellte Maxi-Roller von Suzuki-Burgmann (Abb. 6.5) mit einer Brennstoffzelle von Intelligent Energy ist da mit seinem 700 bar-Tank besser auf die Betankung an den im Aufbau befindlichen 700 bar-Tankstellen des Wasserstofftankstellennetzes vorbereitet, seine Reichweite beträgt 350 km. Die Londoner Polizei konnte mehrere dieser Roller gründlich testen, nachdem 2011 die europäische Typzulassung erhalten wurde. Sollte der Reiseroller für den bei Messeauftritten genannten Kaufpreis von 8500 € erhältlich sein, würde dies die Möglichkeit schaffen, breitere Nutzerschichten an die Wasserstoffnutzung heranzuführen.

Abb. 6.5 Suzuki-Burgmann-Roller mit PEM-Brennstoffzelle und Li-Ionen-Batterie (2012)

Das taiwanesische Unternehmen Asia Pacific Fuel Cell Technologies (APFCT) hat für seinen 50 km/h-Roller zwei schnell wechselbare Metall-hydrid-Wasserstoff-Speicher mit ca. 50 km Reichweite vorgesehen und die erste Flotte mit 80 Scootern in der Region Pingtung/Kenting in Süd-taiwan bei Behörden und im Hotelverleih im Einsatz. Die Niederdruck-speicher sind schnell gewechselt und werden in Füllstationen des italie-nischen Elektrolyseurherstellers Acta automatisch mit solar erzeugtem Wasserstoff wieder aufgeladen.

Auch Leichtfahrzeugen können mit Brennstoffzellen dieser Leis-tungsklasse gut motorisiert werden. Damit könnte ein für unsere Mo-bilitätsanforderungen in Ballungsräumen zugeschnittene und energie-effiziente Transportmöglichkeit eingeführt werden, die den streckenbe-zogenen Energiebedarf halbiert. Im Bereich der Batteriefahrzeuge sind der Renault Twizy und andere erste Beispiele im Volumenmarkt. Dies erfordert aber auch ein Umdenken und entsprechendes Miteinander der Verkehrsteilnehmer. Wir sollten bei der Änderung unseres Mobilitäts-verhaltens nicht auf die Wirkung des steigenden Preisdrucks der fossilen Kraftstoffe warten!

6.2.3 PKW für den Alltag

Der Wunsch nach alltagstauglichen, preiswerten und emissionsfreien
Fahrzeugen motiviert die Bastler und Forscher bereits seit Entwicklung der ersten Batterien. Der begrenzten Reichweite der auch damals
hochpreisigen Elektromobile wurde schon um 1900 mit kleinen durch
Verbrennungsmotoren angetriebenen Nachladegeneratoren begegnet,
ohne dass sich daraus in den folgenden Jahrzehnten eine Konkurrenz
zum Verbrennungsmotor entwickelte.

Aber genau für diese Aufgabe wurde die alkalische Brennstoffzelle mit ihrem Einsatz in der Raumfahrt in den 60er Jahren auch für die
Autoindustrie erstmals interessant. Wie im NASA-Raumfahrtprogramm
wurde der GM Electrovan (1966) als erstes Brennstoffzellenfahrzeug
mit flüssigem Wasserstoff als Kraftstoff und ebenfalls tiefkalt im Tank
mitgeführtem flüssigen Sauerstoff betrieben. Der Autoindustrie reich-
ten die daraus ableitbaren Schwierigkeiten bei einer breiteren Nutzung
für die Einstellung weiterer Arbeiten. Aber der in den USA in diesem
Bereich der Batterieforschung tätige Österreicher Karl Kordesch (1922–
2011) stattete seinen Austin A-40 zunächst mit Bleibatterien und 1970
zusätzlich mit einer alkalischen 6 kW-Brennstoffzelle aus (Abb. 6.6). Die
einzige Auflage bei der problemlosen Straßenzulassung war das Rauch-
verbotsschild für den Innenraum. Mit dem Elektroantrieb erreichte das
Familienauto 45 km/h bei einer auskömmlichen (Gesamt-) Reichweite
von etwa 300 km. Der Wasserstoff wurde in sechs Druckzylindern auf
dem Dach mitgeführt. Durch die geringe Brennstoffzellenleistung waren zwar auf längeren Fahrten Picknick-Pausen für die Aufladung der
Traktionsbatterien einzulegen und das Brennstoffzellensystem füllte den
Kofferraum aus, die Praktikabilität war damit aber gezeigt.

Angestoßen durch die Ölkrisen und die kalifornische Gesetzgebung
loteten erst in den neunziger Jahren auch die Autofirmen mit entsprechenden Prototypen ernsthaft die verschiedenen technischen Varianten
aus. Ausgehend von seinen Arbeiten zur Wasserstoffspeicherung in Me-
tallhydriden und Flottenversuchen mit Wasserstoffmotoren suchte Daimler-Benz zu Beginn der neunziger Jahre mit seinen NECAR-Fahrzeugen
nach einer für den breiten Einsatz geeigneten Brennstoffzellen-Konfigu-
ration. Dies betraf den einzusetzenden Kraftstoff und seine Speicherung

Abb. 6.6 Austin A40 mit alkalischer Brennstoffzelle (1970) (Quelle: Süddeutsche. de)

an Bord als auch das zu favorisierende Brennstoffzellensysten. Der erste „New Electric Car" – später kam die Lesart „No Emission Car" hinzu – aus Stuttgart war ähnlich der GM-Version ein mit Technik gefüllter Mercedes-Benz-Transporter MB 100 ohne Ladekapazität. Dem NECAR 1 mit PEM-Brennstoffzelle und Wasserstoff-Druckspeichern folgten daher weitere mit Methanol zzgl. Reformer bzw. flüssigem Wasserstoff als Kraftstoff und der Wechsel auf die Plattform der A-Klasse. Vom 2002 vorgestellten F-Cell wurden bis 2004 dann mehr als 60 Fahrzeuge in einer Kleinserie produziert. Der 65 kW-Asynchronmotor erlaubte eine Höchstgeschwindigkeit von 140 km, die Reichweite betrug 160 km mit 350 bar-Wasserstofftanks für 1,8 kg Wasserstoff.

Die Entwicklungsschritte spiegelten das ambitionierte und bereits auf der IAA 1997 formulierte Ziel von Daimler-Benz wieder, als erster Konzern ein Brennstoffzellen-Serienfahrzeug auf den Markt zu bringen. Ursprünglich sollten nach dem Markteintritt mit ca. 1000 Fahrzeugen in Kalifornien ab 2010 in der Volumenphase jährlich mehr als 100.000 BZ-Fahrzeuge produziert werden. Der geplante Zeitpunkt des kommerziellen Markteintritts hat sich mittlerweile aber auf 2017 verschoben, wenn

die gemeinsam mit Ballard, Ford und Renault-Nissan entwickelte Brenn-
stoffzellenpattform für die Großserienfertigung zur Verfügung steht.

Der sich abzeichnende Systemwechsel im Fahrzeugbau rief parallel
alle anderen großen Autoproduzenten auf den Plan. Zur 15. Weltwasser-
stoffkonferenz im Jahr 2004 in Yokohama waren dann u. a. mit GM/Opel,
Nissan, Honda und Toyota weitere Akteure mit Brennstoffzellen-PKW
vertreten, bereicherten die Weiterentwicklung und starteten Flottenpro-
gramme. Die Kostenintensität der Entwicklung bewirkte dabei Koope-
rationen der Autokonzerne, und (zeitweise) strategische Allianzen insbesondere mit den Pionierfirmen der PEM-Brennstoffzellenentwicklung
wie Ballard und Hydrogenics. Mit der bei 160 °C arbeitenden Hochtem-
peratur-PEM-Brennstoffzelle (HTPEM) zeichnete sich zwischenzeitlich
eine Vereinfachung des Wassermanagements ab, eingesetzt werden aber
weiterhin durchgängig Niedertemperatur-PEM-Brennstoffzellen.

So besaß der Opel HydroGen3, ein Van auf Basis des Opel Zafira, keine Antriebsbatterie und erstmalig Wasserstofftanks mit einem Betriebsdruck von 700 bar. 2004 fuhr ein HydroGen3 die 9700 km vom Nordkap
bis nach Lissabon in 38 Tagen, dieser Langstreckenrekord belegte die
Nutzbarkeit der Brennstoffzellentechnik in allen Klimazonen. Hierzu gehören außer der Frostsicherheit durch geeignete Abfahrprogramme, die
Startbarkeit auch bei tiefen Temperaturen (−25°C bis −40 °C) und eine
kurze „Startwärmphase" von ca. 20 s bis zur Abrufbarkeit der vollen BZ-
Leistung, die die Produzenten mittlerweile sicher beherrschen.

Den Schritt zur Serienproduktion vollzog dann Honda 2008 mit dem
FCX Clarity, von dem innerhalb von drei Jahren 200 Fahrzeuge auf einer
eigenen Fertigungslinie in Utsunomiya gefertigt wurden. Für den Betrieb
des 100 kW-Frontmotors mit Brennstoffzelle und Li-Ionen-Pufferspei-
cher werden 4 kg Wasserstoff mit 350 bar mitgeführt (Abb. 6.7).

Hier zeigt sich das Problem neuer Technologien. Eine Wasserstoff-
Tankstelle an sich ist noch nicht ausreichend für eine erfolgreiche Betankung mit dem neuen Kraftstoff. Wichtig ist die Übereinstimmung
der Anschlusssysteme − also der Füllkupplung und des im Fahrzeug
befindlichen Füllnippels. Während man bereits 2004 in den zehn japanischen Tankstellen einheitlich zwei Druckstufen von 25 MPa und 35 MPa
über Standardkupplungen unterschiedlichen Durchmessers tanken konnte, waren in Europa für die PKW- und die hochvolumigere Busbetan-
kung Tankpistolen mit verschiedenen Durchmessern bei gleichem Druck

Abb. 6.7   H$_2$-Brennstoffzellen-PKW vor dem ENERTRAG-Hybridkraftwerk (2011) (von links: Mercedes/Audi/Honda/Toyota)

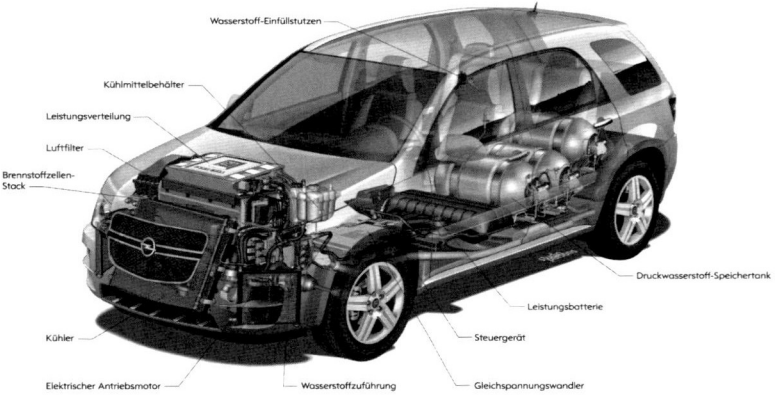

Abb. 6.8   Schnittbild des HydroGen4 von GM/Opel (Quelle: GM/Opel)

von 35 MPa im Gebrauch. Die Autoindustrie hat sich zwischenzeitlich auf 700 bar-Wasserstoff-Tanks festgelegt, um Fahrzeugreichweiten von 500 km sicher zu erreichen (Abb. 6.8). Für Busse hat sich mit 35 MPa der halbe Druck etabliert.

Neben der noch fehlenden Wasserstoff-Infrastruktur sind es die hohen Kosten der in Kleinserie gefertigten BZ-PKW von etwa 0,5 Mill. Euro je Fahrzeug, die den Einstieg in den Volumenmarkt behindern. Daher fördert die Bundesregierung seit 2007 im zunächst auf zehn Jahre ausgelegten „Nationalen Innovationsprogramm Wasserstoff und Brennstoffzellentechnologie" (NIP) entsprechende Leitprojekte mit 500 Mill. Euro im Jahr, die andere Hälfte steuert die Industrie bei.

Mit dem im Herbst 2009 von den Automobilherstellern Daimler, Ford, GM/Opel, Honda, Hyundai-Kia, Renault-Nissan und Toyota unterzeichneten Memorandum konkretisierte die Industrie dann auch ihren Willen zur Kommerzialisierung der Wasserstofftechnologie ab dem Jahr 2015.

Zeitgleich wurde unter Führung der Daimler AG und unter Beteiligung von Energie- & Technologiefirmen (EnBW, Linde, OMV, Total und Vattenfall) das Konsortium H2Mobility gegründet, das über die Erarbeitung eines tragfähigen Geschäftsplans den Aufbau der flächendeckenden Wasserstoff-Tankstellenzahl auch umsetzen will. In Deutschland werden dann 2015 fünfzig Wasserstofftankstellen in Betrieb sein, während es derzeit erst zehn insbesondere in den Regionen der Clean Energy Partnership CEP (Hamburg, Berlin, Ruhrgebiet) sind. Zu den Einführungsregionen in Europa zählt auch Südskandinavien, deren grenzüberschreitende Scandinavian Hydrogen Highway Partnership gemeinsam mit Hyundai, Honda, Toyota und Nissan in Dänemark, Südnorwegen und Südschweden bis 2017 ebenfalls mehr als 45 Tankstellen und die zugehörigen Fahrzeugflotten in Betrieb nehmen will. Die SHHP arbeitet dabei eng mit der CEP u. a. bei der Einführung der 700 bar-Technik zusammen.

Abschließend seien noch einmal Eckwerte für die Kommerzialisierung der Brennstoffzellenfahrzeuge genannt. Als Mindestreichweite mit einer Wasserstoff-Betankung werden 500 km angesehen. Die Wasserstoffkosten je 100 km sollten zwischen den Kraftstoffkosten vergleichbarer Benzin- und Batteriefahrzeuge liegen. Hinsichtlich der Lebensdauer des Brennstoffzellensystems werden vom Kunden mehr als 200.000 km erwartet, das entspricht in etwa einer Betriebsdauer von 4000 h mit akzeptabler Degradation der Zellen.

Die Unternehmen kommunizieren die dazu ergriffenen Maßnahmen zum Teil recht detailliert, um parallel die notwendigen Schritte zur Schaffung des Tankstellennetzes zu flankieren. Dazu gehören Regenerationsprogramme für den Stack und die weitere Optimierung des Betriebsregimes hinsichtlich Robustheit, unnötiger Start-/Stopvorgänge und extremer Wettersituationen. General Motors will den Platingehalt je Brennstoffzellensystem beispielsweise bis 2015 auf 30 Gramm senken

Abb. 6.9 Fahrzeugplattform des Hyundai ix 35 Fuel Cell (2014)

und hält langfristig auf Grundlage eigener Laborversuche Werte unter 10 Gramm für möglich.

Der sinkende Preis der Wasserstoff-Fahrzeuge ist an eine mutige Hochskalierung der Produktionszahlen gebunden. Vorreiter ist hier der südkoreanische Autokonzern Hyundai/Kia, der nach Erreichen der o. g. technischen Ziele im Jahr 2014 eintausend ix35-FCEV (Tucson) produziert und die Produktion weiter hochfahren will (Abb. 6.9). Neben dem Einsatz im Flottenbetrieb u. a. in Kopenhagen, in EU-Projekten und in Gwangju kann dieses SUV in Skandinavien erworben bzw. in Kalifornien für 499 $ im Monat geleast werden.

6.2.4 Emissionsfreie Busse für den ÖPNV

Der Einsatz von Brennstoffzellen und Wasserstoff im öffentlichen Nahverkehr ist vor allem durch die Emissionsfreiheit motiviert. In den Jahren 2001 bis 2006 förderte die EU im Programm „CUTE – Clean Urban Transport for Europe" in den neun am Programm teilnehmenden Städten Hamburg, London, Barcelona, Stockholm, Porto, Stuttgart, Amsterdam, Luxemburg und Madrid den Betrieb von jeweils drei Brennstoffzellenbussen und der zugehörigen spezifischen Wasserstoffinfrastruktur. Gleichzeitig wurden in Reykjavik, Peking und Perth (Australien) ähnli-

Abb. 6.10 Citaro-Brennstoffzellenbus der Hamburger Hochbahn (2003)

che Programme durchgeführt und die Erfahrungen untereinander ausgetauscht. Zum Einsatz kamen Citaro-Stadtbusse mit Brennstoffzelle von Mercedes-Benz, die in der ersten Generation durch ihren Hauptelektromotor mit Getriebe noch sehr an klassische Busse mit Verbrennungsmotor angelehnt waren. In der Projektlaufzeit konnten viele Detailprobleme vor allem in der Zuverlässigkeit der Wasserstoffversorgung einer Lösung zugeführt werden. Diese gewisse Sperrigkeit einer neuen Technologie führte aber auch zu Verschiebungen bei der Fortführung als HyFLEET:CUTE. Stuttgart und Stockholm beendeten die Mitarbeit und Hamburg übernahm deren Busse (Abb. 6.10).

Mit dem Einsatz neuer serieller Hybridbusse der dritten Generation ab 2011 mit Asynchron-Radnabenmotoren konnte der Wasserstoffverbrauch halbiert werden. In Bus- und PKW-Modellen werden dabei nach dem Baukastenprinzip Gleichteile eingesetzt. Im neuen Citaro FuelCell-Hybrid findet man dadurch zwei Brennstoffzellensysteme wie im F-Cell der B-Klasse. Diese Stacks erreichen jetzt eine Lebensdauer von sechs Jahren und realisieren mit einer Tankfüllung von 35 kg Wasserstoff eine Reichweite von etwa 250 Kilometern. Die Betankung dauert dabei mit der 700-bar-Technologie nur drei Minuten. Wie die Wasserstoff-Druckbehälter sind ebenfalls auf dem Dach wassergekühlte Lithium-Ionen-Akkus installiert, die mit ihren 27 kWh eine rein elektrische Reichweite des 13,2 t schweren Busses von 5 km erlauben.

Mit der Fortführung des Busbetriebes in europäischen bzw. nationalen Programmen lieferten eine Reihe weiterer Bushersteller Brennstoffzellenbusse. Für 2014 wird ein Dieselbussen vergleichbares Preisniveau und eine Stackmindestbetriebszeit von 30.000 Stunden erwartet.

Im kanadischen Whistler betreibt BC Transit seit den Olympischen Winterspielen 2010 eine Flotte von zwanzig Brennstoffzellen- und (nur) drei Dieselbussen nebst zugehöriger H_2-Großtankstelle.

Die Gesamtkosten des achtjährigen Projektes belaufen sich auf 500 % des Aufwandes für zwanzig Dieselbusse, wobei die Stadtverwaltung von Whistler nur mit den Kosten der sonst notwendigen Dieselflotte belastet wird.

6.2.5   Saubere Flurförderfahrzeuge im Lebensmittelhandel

Eine Nischenanwendung für Brennstoffzellen hat sich in Nordamerika nicht zuletzt durch das Wirtschaftsbelebungsgesetz von 2009 (Recovery Act) beeindruckend entwickelt. Eine Reihe neu errichteter Logistik- bzw. Fertigungszentren von Unternehmen wie Walmart, Coca-Cola, Sysco und BMW betreiben ihre Flurförderfahrzeuge mit Wasserstoff. Durch den Brennstoffzellenbetrieb steigt die Verfügbarkeit der Stapler, da die nur einmal am Tag erforderliche Betankung gegenüber der früheren Batterieladung zeitlich vernachlässigbar ist. Vor allem entfallen aber nicht nur ersatzlos die sonst benötigten speziellen Batterieladeräume, die in Kühllagern sichtlich geringere Batteriekapazität ist damit auch nicht mehr problematisch. Durch den konzentrierten Flotteneinsatz von beispielsweise 275 Gabelstaplern allein in der BMW-Fertigung in Spartanburg (USA) oder den ersten 20 Staplern bei IKEA in Lyon (Frankreich) gestalten sich die Betreuung und der Erfahrungsrückfluss an den Hersteller sichtlich einfacher als bei Einzelanwendungen (Abb. 6.11).

Die Problematik der Wasserstoffinfrastruktur wird von Anbietern umgangen, die Direkt-Methanolbrennstoffzellen als Range-Extender für klassische Batteriestapler vermarkten. Ein Teil der Batterien wird hier durch das DMFC-System ersetzt.

Abb. 6.11 Wasserstoffbetriebener Gabelstapler von STILL

Sicher schon in naher Zukunft wird es für die Flughäfen ähnlich emissionsfreie Rollfeld-Fahrzeuge mit Brennstoffzellen geben, da fast 40 % der NOx-Emissionen des Flughafenbetriebes von den Bodenfahrzeugen verursacht werden und sich Batteriefahrzeuge durch ihre Nachteile bisher nicht etablieren konnten.

6.2.6 Signaturarme U-Boote

Bei militärisch eingesetzten U-Booten sind ein möglichst langer außenluftunabhängiger Taucheinsatz und eine minimale Signatur gewünscht, um die passive Ortung zu erschweren. Während bei Atom-U-Booten Wärmeabstrahlung und Pumpengeräusche problematisch sind, ist es bei den konventionell angetriebenen Booten die durch die Batterien begrenzte Reichweite. Hier bieten bereits kleine PEM-Brennstoffzellen eine elegante Lösung, die die bei geräuscharmer Schleichfahrt stark reduzierten Leistungsanforderungen bereitstellen können. Werden die Brennstoffzellen dann noch in Teillast betrieben, steigt die Reichweite entsprechend. Bereits Anfang der 80er Jahre untersuchten die Howaldtswerke-Deutsche Werft (HDW) gemeinsam mit weiteren Unternehmen die Möglichkeit des außenluftunabhängigen Betriebes mit Brennstoffzellen und erprobten ab 1988 auf U 1 ein alkalisches Brennstoffzellensystem mit 104 kW. In Umsetzung des Bauvertrages von 1994 entwickelten und fertigten die HDW gemeinsam mit den Nordseewerken und Siemens die U-Boote der Klasse 212 A mit dem neuen Antriebssystem für die deutsche und italienische Marine. Die Indienststellung der ersten vier von voraussichtlich sechs U-Booten durch die Deutsche Marine erfolgte in den Jahren 2005 bis 2007. Der Hauptmotor, ein kompakter Siemens-Synchronmotor mit Permanentmagneterregung und einer Leistung von 1,6 GW, treibt die Propellerwelle direkt an und ist auch hinsichtlich seiner Ansteuerung auf geringste elektromagnetische Signatur ausgelegt. Das PEM-Brennstoffzellenaggregat von 250 kW arbeitet auf die Batterie.

Die etwa 24 Stunden benötigende Betankung mit Wasserstoff ist eine logistische Herausforderung. I. d. R. über die Straße werden der Trailer mit knapp 5 t flüssigem Wasserstoff und zwei Wärmetauscher/Kompressor-Container an die Kaikante geliefert. Der tiefkalte Wasserstoff wird dann mit der Wärme des Seewassers im Hafenbecken in 41.000 m^3 gasförmigen Kraftstoff überführt und mit Druck auf die Metallhydridspeicher des U-Bootes gegeben. Die bei der Einlagerung des Wasserstoffs ins Metallgitter eintretende Erwärmung der Speicher „schluckt" ebenfalls das Hafenbecken.

Neben der militärischen Nutzung ist der außenluftunabhängige BZ-Antrieb bereits für Prototypen kleinerer autonomer und unbemannter Forschungs- und Inspektions-U-Boote genutzt worden. Dazu zählen das 2003 vorgestellte 10 m lange U-Boot „Urashima" von Mitsubishi mit einer 4 kW PEMFC-Zelle und das kleinere deutsche „Deep-C" vom ZSW/WTI im Folgejahr mit Tauchtiefen von jeweils etwa 3500 m. Kleinere Unterwasser-Brennstoffzellen-Systeme wurden im Hinblick auf die Langzeitenergieversorgung z. B. von Tsunami-Vorwarnsystemen untersucht (Abb. 6.12), um den aufwendigen Batteriewechsel zu reduzieren.

Abb. 6.12 Versuchsmuster einer Unterwasser-Brennstoffzelle am Riff Nienhagen (2011)/Ostsee (Bildrechte: Uwe Friedrich, www.style-kueste.de)

6.2.7 Weitere interessante Prototypen

Vor allem die Entwicklungsanstrengungen zum Brennstoffzelleneinsatz in PKWs inspirieren die Entwickler, für die zu erwartenden kostengünstigen Brennstoffzellensysteme weitere Anwendungsfelder zu erschließen.

Hierzu zählen die Bahnverwaltungen, die z. T. ihre Streckennetze mit Diesellokomotiven befahren. Die Abgase des Rangier- und Streckenverkehrs sind dabei gerade in Ballungsgebieten unangenehm und angesichts der emissionsfreien Oberleitungstraktion nicht mehr zeitgemäß. An Stelle der hohen Kosten für eine Elektrifizierung würden etwas höhere Investitionen in Brennstoffzellentechnik beim zu erneuernden rollenden Material zur gleichen Verminderung der Abgase führen.

Bereits seit 2006 betreibt so die East Japan Railway Company (JR East) im Raum Nagano auf einer 79 km langen Nebenstrecke einen 100 km/h schnellen Triebwagen mit 65 kW-Brennstoffzellen. In den USA sammelte man bereits etwas früher mit einer von Batterien auf Brennstoffzellenbetrieb umgebauten 3,6 t-Minenlok erste Erfahrungen. Ab 2008 wurde dann im Transportation Test Center in Pueblo, Colorado, die erste BZ-Lok mit Regelspurweite erprobt. Das eingesetzte 300 kW-Brennstoffzellensystem basiert auf den in den Citaro-Bussen umfänglich erprobten Ballard-Stacks. Die vier elektrischen Fahrmotoren können ihre max. 1,1 Megawatt mit Hilfe der Pufferbatterie auf die Schiene bringen, auffällig ist der mittlere Bedarf von nur 100 kW im Rangierbetrieb. In Dänemark und Großbritannien sind ähnliche Projekte in Vorbereitung.

Während im vorangegangenen Abschnitt über Flugzeugantriebe nur Wasserstoffturbinen angesprochen wurden, werden auch Kleinflugzeuge für Forschungs- und Messaufgaben teilweise mit Wasserstoff betrieben. Das reicht von der Global Observer (AeroVironment 2005) mit einem eher klassischen Wasserstoffmotor-Generator, der bemannten Antares DLR-H2 (2009) für 200 kg-Nutzlast mit einem PEM-Brennstoffzellensystem und der bei Boeing avisierten Nutzung reversibler SOFC-Brennstoffzellen als Speicher für Solarzellenflugzeuge für die sonnenarmen Flugstrecken (Versa Power Systems bzw. jetzt Fuel Cell Energy). Die Vorteile kompakter Energieversorgungsmodule mit derartigen Hochtemperatur-SOFC-Brennstoffzellen wurden auch für Marineantriebe identifiziert, Projekte von Torpedoantrieben bis zu SOFC-Hybridsystemen mit Dampfturbine sind in Bearbeitung.

Literatur

[1] Geitmann S (2006) Wasserstoffautos – Was uns in Zukunft bewegt. Hydrogeit Verlag, Kremmen

[2] Eichlseder H, Klell M (2012) Wasserstoff in der Fahrzeugtechnik. Springer Vieweg, Wiesbaden

[3] http://www.dwv-info.de/

[4] http://www.hzwei.info

[5] http://www.buch-der-synergie.de

[6] http://history.nasa.gov/SP-4404/ch8-2.htm

[7] http://www.fuelcelltoday.com

[8] http://www.global-hydrogen-bus-platform.com

[9] http://www.fuel-cell-e-mobility.info

Wege zur Nachhaltigkeit mit Wasserstoff

7

Zusammenfassung

Mit Blick auf den künftigen Einsatz von grünem Wasserstoff fassen wir abschließend die Grundgedanken für eine nachhaltige Energieversorgung zusammen. Die Nutzung von Wasserstoff stellt einen integrierenden Bestandteil der Energiewende dar. Dabei werden sich die drei Bereiche der Energiewirtschaft – Stromversorgung in Energieinseln und durch Netze, Kraftstoff für den Verkehrssektor und der Wärmemarkt (Wärme und Kälte) – in steigendem Maße vernetzen. Lassen wir uns wie im Kommunikationsbereich von den neuen Geräten und Funktionen überraschen – besser noch, arbeiten wir daran mit!

Wendepunkte in der Entwicklung der Energiewirtschaft waren stets mit deutlichen Änderungen beim Einsatz von Energieträgern verbunden. Nebenstehende „Meilensteine" zeigen den Versuch einer Zusammenfassung. Dabei wird deutlich, dass sich im Mix der genutzten Energieträger von Steinkohle über Erdöl zum Erdgas eine Tendenz zu weniger Kohlenstoff im Kraftstoff durchgesetzt hat. Im Sinne von Nachhaltigkeit wäre der Schritt zu 100 % Wasserstoff nahe liegend und wünschenswert.

J. Lehmann und T. Luschtinetz, *Wasserstoff und Brennstoffzellen*,
Technik im Fokus, DOI 10.1007/978-3-642-34668-2_7,
© Springer-Verlag Berlin Heidelberg 2014

Meilensteine der Energiewirtschaft

Kontrolle des Feuers	Eine der Voraussetzungen für das menschliche Sein
Nutzung regenerativer Energien	Lokal und regional in allen Epochen
Muskelkraft	Energiebasis erfolgreicher Kulturen
Dampfmaschine (1782)	Mechanische Leistung überall, wohin der Transport der Maschine möglich und wo genügend Kraftstoff vorhanden ist
Elektrizität (1866)	Licht, mechanische Energie, Wärme und Information überall, wohin ein Netz reicht Nur bedingt speicherbar Nahezu totale Netzabhängigkeit Das Netz verschwendet fossile Ressourcen
Verbrennungsmotor (1877)	Mobilität auf der Basis fossiler Kraftstoffe Übertreibung der Mobilität Überstrapazierung der natürlichen Ressourcen Belastung der Umwelt
Wasserstoff	In beliebigem Maße speicherbarer Energieträger Verfügbar, wo immer regenerative Energie genutzt werden kann Ersetzt als Ware fossile Kraftstoffe
Kernfusion – Prozess der Sonnenenergieerzeugung	Nutzt Deuterium und Tritium, die schweren Isotope des Wasserstoffs

Anfang der siebziger Jahre des vorigen Jahrhunderts war wegen der ersten politisch herbeigeführten Ölkrise mit bis dahin ungekannt hohen Rohölpreisen die Alternative von Wasserstoff als Energieträger ins Gespräch gebracht worden. Ebenfalls in dieser Zeit begann auf der Grundlage der vom Club of Rome initiierten Studie „Die Grenzen des Wachstums" [1] eine allgemeine Diskussion, wie sehr die Aktivitäten der sich ständig vergrößernden Weltbevölkerung, insbesondere aber diejenigen der Industrieländer, Natur und Umwelt beeinträchtigten. Der Begriff des „footprints" kam auf, die Idee von nachhaltigem Handeln wurde wieder-

entdeckt und gelangte in das öffentliche Bewusstsein. Forschungspro-
gramme und Pilotprojekte wurden in Angriff genommen, um die Nutzung regenerativer Energiequellen und des Wasserstoffs als Energieträger anzuschieben. Dabei zeigten sich Länder, die den größten Teil ihrer
Energie importieren müssen wie Japan und Deutschland, besonders aktiv. Wasserstoffpioniere wie Bölkow, Dahlberg, Justi und eine Arbeits-
gruppe der Deutschen Luft- und Raumfahrt [2] leiteten eine Periode ein,
in der vor allem solarer Wasserstoff im Blickpunkt stand.

Wegen der Unsicherheiten im Zusammenhang mit dem Rohölpreis
war frühzeitig mit der Einführung des Kraftstoffs Wasserstoff in den Verkehrssektor begonnen worden. Dank dessen sehen sich die Automobil-
konzerne heute in der Lage, innerhalb der kommenden fünf Jahre Brenn-
stoffzellen-Hybrid-Fahrzeuge am Markt zu platzieren. Aber auch Bemü-
hungen, im Bereich der Elektroenergieversorgung und der Wärmewirt-
schaft den sauberen Energieträger und die Brennstoffzellentechnologie
einzubeziehen, sind längst über das Diskussionsstadium hinaus.

Die nebenstehende Übersicht zählt frühe Projekte auf, in denen die
Verbindung der regenerativen Energien und ihrer Speicherung mittels
Wasserstoffs betrieben wurde. Während grüner Wasserstoff für die chemische Industrie bereits seit 1929 (Rjukan, Norwegen) an vielen großen
Wasserkraftwerken auf allen Erdteilen hergestellt wird, beginnt nun eine
Periode des „solaren Wasserstoffs". Photovoltaisch erzeugter Strom wird
außer in Akkumulatoren auch als Wasserstoff in Druckbehältern gespeichert, um den Bedarf in strahlungsschwachen Zeiten und über Nacht zu
decken.

Frühe Projekte regenerative Elektrizität und Wasserstofferzeugung

RJUKAN Am Wasserkraftwerk in Rjukan/Norwegen wird seit
1929 elektrolytisch Wasserstoff erzeugt und im Wesentlichen für
die Ammoniak-Synthese verwendet. Das gleichzeitig angereicher-
te schwere Wasser begann zehn Jahre später in der Kernphysik
eine Rolle zu spielen. Wasserstoff wird inzwischen auch an anderen großen Wasserkraftanlagen erzeugt (z. B. Assuan/Ägypten,
Cuzco/Peru).

HYSOLAR Beginnend 1986 werden in Deutschland (DLR Stuttgart) und in Saudi Arabien drei Photovoltaikanlagen zur Wasserstofferzeugung geplant und gebaut. Die größte davon bei Riad mit einer PV-Installation von 350 kW$_{el}$ erhält 1990 ihren Elektrolyseur (etwa 80 kW). Projektende: 1995

SOLAR – WASSERSTOFF – BAYERN In Neunburg vorm Wald (Oberpfalz), einem Ort mit 1700 Sonnenstunden im Jahr, erfolgt 1988 der erste Spatenstich für das Projekt, das erstmalig auf der Welt alle Schritte der solaren Wasserstofferzeugung und Wasserstoffanwendung für Heizzwecke (als Gemisch mit Erdgas) und für Personenkraftwagen mit Verbrennungsmotoren vereint. Zwei Elektrolyseure mit zusammen ca. 200 kW wurden eingesetzt. 1990 konnten die Hauptkomponenten des Projekts in Betrieb genommen werden. 1999 lief das Demonstrationsprojekt wie geplant aus.

FhG-ISE ENERGIEAUTARKES HAUS 1993 wurde in Freiburg das erste energieautarke Haus Deutschlands fertig gestellt. Mittels Nutzung von Photovoltaik und Solarthermie, unter Verwendung besonders gut isolierender Bauelemente sowie mit Elektrolyse und Wasserstoffspeicherung wurde die Energieunabhängigkeit realisiert.

EQHHPP Im Zeitraum 1989–1999 lief das Euro-Quebec-Hydro-Hydrogen-Projekt finanziert durch die Europäische Kommission und die Regierung von Quebec. Das Vorhaben sollte die Herstellung von Wasserstoff an einem kanadischen Wasserkraftwerk, den Transport des Kraftstoffs nach Europa (Schiffsanlandung Hamburg) und seinen Einsatz hauptsächlich im Verkehrssektor untersuchen und vorbereiten. Eine Vielzahl von Teilprojekten beschäftigte sich u. a. mit Transport flüssigen Wasserstoffs, seiner Speicherung stationär und mobil und Fragen der Sicherheit, auch wurden einige Wasserstoffbusse entwickelt und betrieben.

Erst zu Beginn der 90er Jahre entwickelte sich die Windkraftbranche. Ein erstes Windwasserstoff-Projekt realisierte der schwedische Ingenieur Olof Tegström aber bereits 1985 in seinem Wohnhaus in Härnösand auf

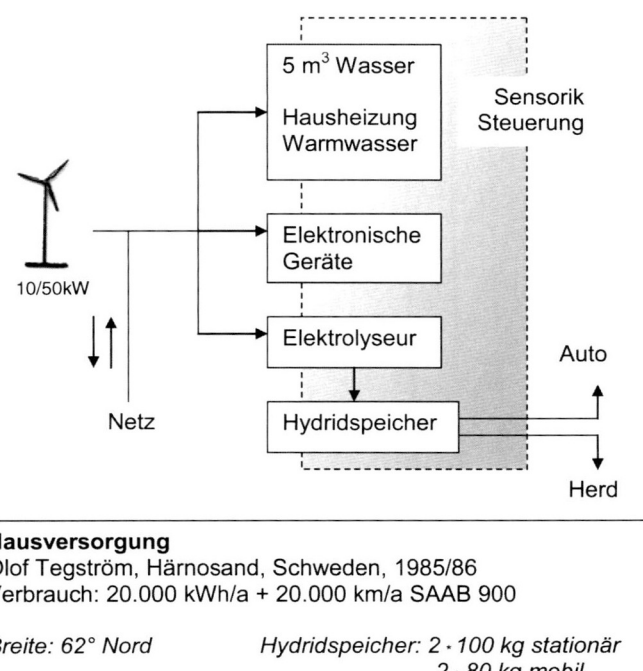

Abb. 7.1 Energieversorgung des Hauses von O. Tegström (1985) [3]

62° nördlicher Breite (Abb. 7.1). Seine Windturbine betrieb einen etwa 5 m³ fassenden Warmwasserspeicher und den Elektrolyseur, der auf einen Metallhydridspeicher arbeitete. Auf diese Weise war für Heizung und Warmwasser gesorgt und es gab kein Problem mit der schwankenden Leistung des Windstroms. Elektrisch wurde das Haus weiterhin durch das örtliche Netz versorgt. Der Herd wurde mit Wasserstoff betrieben und auch den Motor seines Autos hatte Tegström auf Wasserstoff umgestellt.

S. Schulien [4] von der FH Wiesbaden hatte dann auf dem Kleinen Feldberg im Taunus ab 1986 ein im Wesentlichen mit selbst gebauten

Abb. 7.2 Wind-Wasserstoff-Kette an der FH Stralsund

Komponenten ausgestattetes Labor aufgebaut und bis 1995 betrieben, in dem Wind- und Solarwasserstoff erzeugt, gespeichert und stofflich eingesetzt wurde.

Das zumindest in Deutschland erste Windwasserstoff-Projekt, in dem mit kommerziell verfügbaren Komponenten im kW-Bereich gearbeitet wurde und von Anfang an die Verstetigung der Windstromernte wie auch die dafür geeignete Rückverstromung des gespeicherten Wasserstoffs geplant wurden, entstand in den Jahren 1993–1996 an der Fachhochschule Stralsund (Abb. 7.2 und 7.3). Bereits in den ersten Untersuchungen konnte die schwankenden Strom verstetigende Wirkung des Elektrolyseurs gezeigt werden [5, 6]. Die Rückverstromung von Wasserstoff erfolgte mit einem Erdgas-Wasserstoff-Gemisch verarbeitenden Blockheizkraftwerk und mit in den Jahren immer größer werdenden Brennstoffzellen. Die Netzkopplung des Labors ermöglichte die Einspeisung von Windstrom und auch die aus einer später hinzugefügten Photovoltaikanlage. Schaltungsmäßig stellt die gesamte Installation eine Energieinsel dar, sie eignet sich dadurch als Notstromversorgung. Diese Vielseitigkeit und der Standort direkt auf dem Hochschulcampus haben das umfänglich für Lehre und Weiterbildung genutzte Forschungslabor davor bewahrt, nur

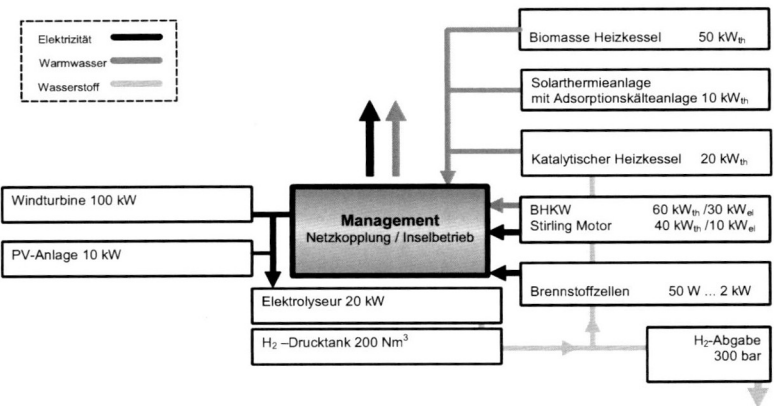

Abb. 7.3 Anlagentechnik des Komplexlabors Alternative Energien an der FH Stralsund

als Demonstrationsprojekt zu gelten und auf bekanntlich kurzlebige Förderungen angewiesen zu sein.

Mittlerweile ist weltweit im Gefolge der umfassenden Einführung der Energiegewinnung mittels On- und Offshore-Windturbinen eine Reihe von Wind-Wasserstoff-Systemen einschließlich der Rückverstromung von Wasserstoff errichtet und erprobt worden, denn die Bereitstellung wirklich regenerativ erzeugter Regelleistung wird für die Integration des in der Leistung schwankenden Windstroms immer dringlicher.

Wind-Wasserstoff-Systeme weltweit (Auswahl)

Ort/Land	Projekt	Jahr
	Wind-/Elektrolyseur-/Einspeiseleistung	
Härnösand, Schweden	Tegström-Wohnhaus	**1985** 50/5/– kW
FH Wiesbaden, Deutschland	Wind-Wasserstoff-Labor	**1986–1995** 20/20/– kW
FH Stralsund, Deutschland	Wind-Wasserstoff-Kette mit Rückverstromung	**1993** 100/20/40 kW
Universität Quebec Trois-Rivieres, Kanada	Regeneratives 48-V- Energiesystem basierend auf Wasserstoff	**2001** 10/5/– kW
Insel Utsira, Norwegen	Autonome Inselversorgung (teilw.) mit Wind- Wasserstoff-System	**2004** $2 \times 600/48/65$ kW
West Beacon Farm, Loughorough, GB	HARI – Hydrogen and Renewables Integration	**2004** $2 \times 25/36/7$ kW
Unst, Shetland Inseln, GB	PURE – Promoting Unst Renewable Energy	**2005** $2 \times 15/16/5$ kW
NREL, Golden, Colorado USA	Wind-Wasserstoff Demonstrationsprojekt	**2006** 100/33/60 kW
Pico Truncado, Argentinien	Wind-Wasserstoff- Demonstrationsanlage	**2007** $2 \times 600/5/5$ kW
Prenzlau, Deutschland	ENERTRAG- Hybridkraftwerk	**2011** 6/0,5/0,7 MW

In der brandenburgischen Uckermark entstand aufbauend auch auf den Erfahrungen des Stralsunder Labors das ENERTRAG-Hybridkraftwerk (Abb. 7.4 und 7.5). Nach etwa fünfjähriger Vorbereitung und Bauzeit wurde es im Herbst 2011 eingeweiht. An einen 6 MW-Windpark ist ein alkalischer atmosphärischer Elektrolyseur mit einer Leistung von 500 kW angeschlossen, der Wasserstoffspeicher besteht aus drei Druckbehältern mit jeweils 100 m^3 geometrischem Volumen, die mit 6 MPa betrieben werden. Zur Rückverstromung wird der Wasserstoff mit vor Ort erzeugtem Biogas gemischt und in ein Blockheizkraftwerk geleitet.

Zum damaligen Zeitpunkt stand kein Verbrennungsmotor zur Verfügung, der für den Betrieb mit reinem Wasserstoff geeignet war. Die Dimensionierung der Anlage erfolgte mit dem Ziel, bei der Windstromlieferung die in der Größenordnung von 10 % liegenden Abweichungen von

Abb. 7.4 Hybridkraftwerk der ENERTRAG AG, Dauerthal

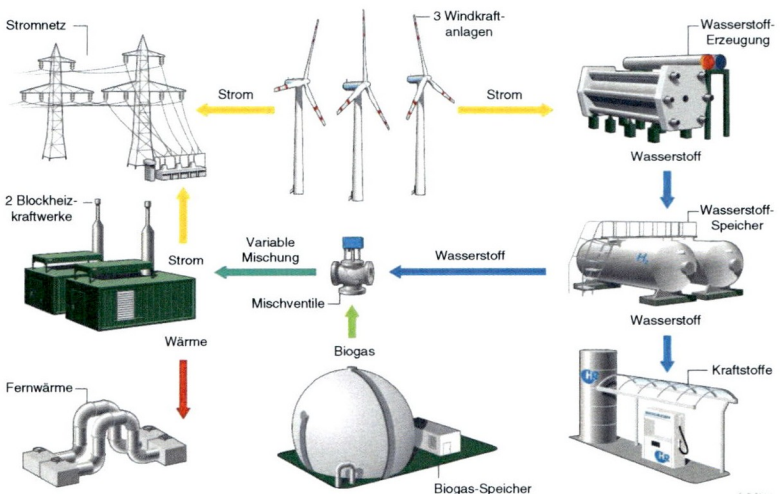

Abb. 7.5 Anlagenstruktur des ENERTRAG-Hybridkraftwerks (Quelle: ENERTRAG AG)

der 24-Stunden-Windprognose auszugleichen und die im Kraftwerks-
fahrplan angemeldete Leistung für die 15-min-Zeitabschnitte wirklich
einzuspeisen. Das bedeutete einen Schritt in Richtung auf die Grund-
lastfähigkeit der Windenergie. Auch aus wirtschaftlichen Gründen wird
ein Teil des mit Überschussstrom produzierten Wasserstoffs auf Anfor-
derung an die Tankstellen der CEP im Berliner Raum geliefert und so
gleichzeitig Kraftstoff- und Stromversorgung zusammengeführt.

Ein anderes interessantes Pilotprojekt wurde im August 2013 angefahren. E.ON hat in der windhöffigen Prignitz die „Power to Gas" –
Pilotanlage Falkenberg errichtet. Eine in modularer Bauweise erstellte
Elektrolysestation mit insgesamt 2 MW installierter Leistung verwandelt Windstrom in Wasserstoff, der ohne Zwischenspeicherung ins Erdgasnetz eingeleitet wird. Gegen diese Variante von „Strom zu Gas" ist
nichts einzuwenden, denn wenn nicht direkt in den Verbrauch gelan-
gende Elektrizität das vorhandene Gasnetz als „Speicher" nutzt, werden
Windfarmen oder PV-Anlagen vor dem Abschalten bewahrt, wenn das
elektrische Netz sich als nicht aufnahmefähig erweist.

Die nachläufige Abtrennung von Wasserstoff aus dem Gemisch wäre
allerdings sehr aufwendig. Für die Nutzung in Brennstoffzellen ist er ver-
loren. Als Option aber deutet sich damit an, dass Wasserstoff in steigendem Anteil im Mix mit Erdgas je nach der Entwicklung der Preise von
Erdgas und von grünem Wasserstoff auch im Wärmesektor seine Rolle als Energieträger der Zukunft zu übernehmen beginnt. Dabei werden
Wärmekunden auf konstante Mischungsverhältnisse und entsprechend
gleich bleibende Werte für den Energieinhalt der Gemische dringen.

Mit Gemischen aus Erdgas oder auch Biogas und Wasserstoff können
konventionelle Verbrennungsmaschinen bereits jetzt betrieben werden
und Entwicklungen zur Eignung für höhere Wasserstoffanteile bzw. reinen Wasserstoff laufen.

Es ist absehbar, dass Elektrizität und Wasserstoff die Säulen einer
durchgängig nachhaltigen Energiewirtschaft bilden werden. Abbildung 7.6 als Vervollständigung der bereits in Kap. 1, Abb. 1.3, benutzten
Struktur soll zusammenfassend verdeutlichen: Die Elektrizitätsver-
sorgung, der Verkehr und der Wärmesektor werden sich zunehmend
vernetzen. Auf der Kraftstoffseite des Gesamtsystems ist auch der Anteil
des Wasserstoffs zu berücksichtigen, der in der industriellen Produktion als Grundstoff eingesetzt wird. Auf der Wärmeseite kann es sich

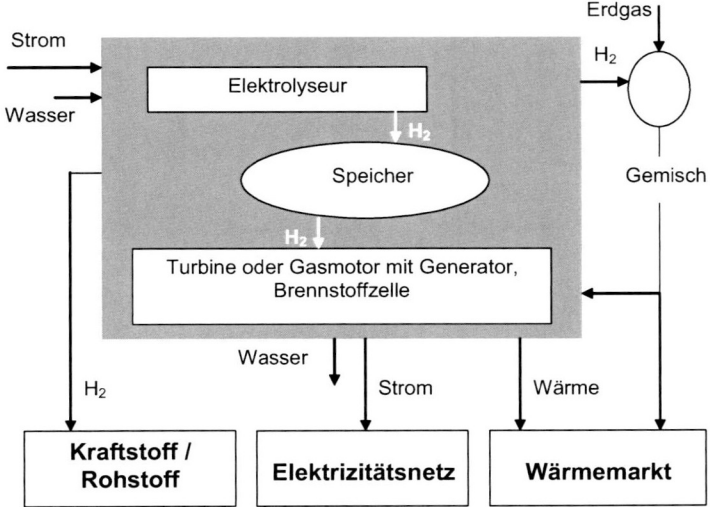

Abb. 7.6 Struktur der zukünftigen Stromspeicherung regenerativer Energieversorgung

als notwendig erweisen, Wasserstoff nach einem Methanisierungsschritt ins Erdgasnetz zu leiten. Der zur Umwandlung erforderliche Sabatier-Prozess mit einem Wirkungsgrad von 70–80 % vermindert dann den Gesamtwirkungsgrad entsprechend. – Alle diese Einsatzmöglichkeiten von grünem Wasserstoff basieren auf dem im Schema hervorgehobenen ersten Schritt: Mittels Wasserelektrolyse wird der vorzugsweise grüne Strom in den Energieträger Wasserstoff überführt, Strom zu Gas, power to gas.

Dank zuverlässiger Inselversorgungen mit regenerativen Energien und Wasserstoffs als Speichermedium werden sich manche Netzanbindungen erübrigen. Tendenziell werden Gas-Pipelines die Übertragung und Speicherung von Strom kostengünstiger machen.

Gegenwärtig werden, wie immer in Zeiten eines sich anbahnenden Umbruchs, viele Studien erarbeitet, die basierend auf dem Stand der Technik und statistischen Hochrechnungen die wahrscheinlichen zukünftigen Zustände beschreiben. Typischerweise sind Studien kurzlebig,

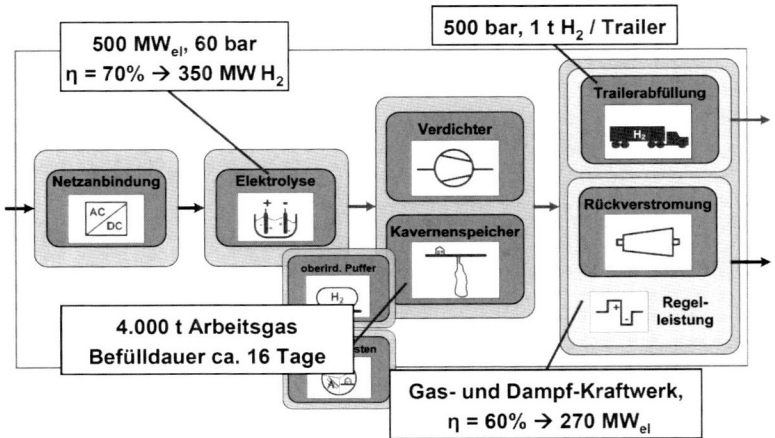

Abb. 7.7 Zukünftiges Wind-Wasserstoff-System der NOW-Studie (2013) (Quelle: NOW)

denn jeder neu erkannte Fakt als auch sich ändernde Sichtweisen greifen in ihre Voraussetzungen ein, erfordern gegebenenfalls Korrekturen der ursprünglichen Ergebnisse. Trotzdem sei auf die im Januar 2013 veröffentlichte Studie des NOW – Nationale Organisation Wasserstoff – zur „Integration von Wind-Wasserstoff-Systemen in das Energiesystem" [7] hingewiesen. Im Auftrag des Bundesministeriums für Verkehr, Bau und Stadtentwicklung (BMVBS) haben ein Bearbeitungsteam aus Instituten und Ingenieurfirmen und ein Beirat aus Unternehmen untersucht, auf welche Weise Strom, der im Moment der Erzeugung nicht vom Netz aufgenommen wird, gespeichert und geeignet in das Energiesystem integriert werden kann. Im Blickpunkt standen dabei vor allem die norddeutschen Länder mit ihren derzeitigen und künftigen Windparks an Land und vor den Küsten. Aussagen wurden u. a. für das Jahr 2030 bei dem dann zu erwartenden Netzausbau formuliert. Als System-Modul ist ein in Abb. 7.7 wiedergegebenes Wind-Wasserstoff-System vorgeschlagen worden. Es basiert auf einer Elektrolyse von 500 MW$_{el}$ und liefert zwei Produkte: Strom und Kraftstoff – Strom für windschwache Zeiten und als Regelleistung zur Netzbalance sowie Kraftstoff für eine in anderen Studien ermittelte prognostische Anzahl von Brennstoffzellenfahrzeugen. Ausgehend von den gegenwärtigen Verbraucherpreisen und der prognostizierten Wasserstoffnutzung im Verkehr konnte der wirtschaftliche Betrieb einer solchen Wind-Wasserstoff-Versorgungsstruktur, d. h. stützungsfrei und gewinnbringend, nachgewiesen werden. Außerdem müssen wir die KWK-Anlagen (und natürlich in der Übergangszeit auch die fossilen Kraftwerke) optimaler betreiben, so dass sie nicht als „must run" mit Überschussstrom im energetischen Systemkurzschluss Energie „vernichten". Diese Aussagen unterstreichen, dass die Energiewende als eine das gesamte Energiesystem betreffende Änderung sehr reale Konturen annimmt und nicht nur als „Stromwende" verstanden werden darf.

Zusammenfassend ist absehbar, dass Elektrizität und Wasserstoff die Säulen einer durchgängig nachhaltigen Energiewirtschaft bilden werden. Diese Umgestaltung der Energieversorgung mit ihrer jeweils regionalen Spezifik kann nur mit Blick auf die nachhaltige und bezahlbare Versorgung mit Nahrung, Wasser und Rohstoffen erfolgen. Vorrangig muss die Landwirtschaft zuerst die Ernährung sichern, eine mit ihr verbundene nachhaltige Stoff- und Abfallwirtschaft unter Nutzung von nichtfossil erzeugtem Wasserstoff wird aber Kohlenwasserstoffe für vielfältige Bedürfnisse liefern. Dies schließt nicht nur die ganze Bandbreite chemischer Produkte ein, sondern wird auch zur Nutzung weiterer, insbesondere flüssiger, Wasserstoffträger führen. Ähnlich den zu lösenden Problemen bei der Energiewende, wo großvolumige klimaschädigende Prozesse in nachhaltige und sichtbar dezentral strukturierte zu überführen sind, müssen die neuen energetischen und stofflichen Kreisläufe in gesellschaftlichen Größenordnungen wirtschaftlich umsetzbar sein. Wie auch bei den durch und mit Computer und Handy angestoßenen Entwicklungen, werden aufwandsminimierte und stärker personalisierte Lösungen in Energiewirtschaft und Verkehr zukünftig gravierende Veränderungen auch für uns als Nutzer bewirken. Verglichen mit früheren Abläufen fasziniert dabei die Dynamik der Veränderungen. Lassen wir uns die Möglichkeit des aktiven Mitwirkens nicht entgehen!

Literatur

[1] Meadows DL et al (1972) The Limits To Growth (Die Grenzen des Wachstums). Studie des Club of Rom

[2] Winter CJ (1989) Wasserstoff als Energieträger, 2. Aufl. Springer, Berlin

[3] Tegström O (1990) 8th World Hydrogen Energy Conference, Hawaii

[4] Schulien S (1993) 1. Energiesymposium Stralsund

[5] Lehmann J, Menzel F (1995) Wasserstoffenergietechnik in Vorpommern. Energieanwendung 44(3):22–24

[6] Menzl F, Wenske M, Lehmann J (1998) Hydrogen Production by a Windmill Powered Electrolyser XII. WHEC, Buenos Aires, S 757–765

[7] NOW-Studie (2013) Integration von Wind-Wasserstoff-Systemen in das Energiesystem. NOW GmbH, Berlin. http://www.now-gmbh.de

Weiterführende Literatur

Literatur zu Kapitel 1

Festschrift 75 Jahre Kraftomnibusbetrieb der Städtischen Verkehrsbetriebe Zwickau in Sachsen, „Freunde des Nahverkehrs" e. V., Zwickau, 2002

Literatur zu Kapitel 2

Palosi D, Varga ZB (2007) Rentabilitätsanalyse der Kraftstoffherstellung aus Raps. Acta Agronomica Óvariensis 49(1):61–71

Santin JJ et al (2007) The World´s most fuel efficient vehicle – design and development of pac car II. vdf Hochschulverlag, Zürich

Willenbacher M (2013) Mein unmoralisches Angebot an die Kanzlerin. Herder, Freiburg

Zehner O (2012) Illusions. University of Nebraska Press, Green

Literatur zu Kapitel 3

Geitmann S (2012) Energiewende 3.0 – Mit Wasserstoff und Brennstoffzellen. Hydrogeit Verlag, Oberkrämer

Heinzel A, Mahlendorf F, Roes J (2006) Brennstoffzellen – Entwicklung, Technologie, Anwendung. C. F. Müller Verlag, Heidelberg

Kordesch K, Simader G (1996) Fuel Cells and Their Application. VCH Verlagsgesellschaft mbH, Weinheim

Kurzweil P (2003) Brennstoffzellentechnik. Vieweg, Wiesbaden

Larminie J, Dicks A (2000) Fuel Cell Systems Explained. John Wiley, Chichester

Literatur zu Kapitel 4

Hagl R (2013) Elektrische Antriebstechnik. Carl Hanser, München

http://www.baumueller.de/scheibenlaeufermotoren.htm

J. Lehmann und T. Luschtinetz, *Wasserstoff und Brennstoffzellen*,
Technik im Fokus, DOI 10.1007/978-3-642-34668-2,
© Springer-Verlag Berlin Heidelberg 2014

Reif K (2010) Konventioneller Antriebsstrang und Hybridantriebe. Vieweg + Teubner/Springer, Wiesbaden

Stan C (2012) Alternative Antriebe für Automobile – Hybridsysteme, Brennstoffzellen, alternative Energieträger. Springer Vieweg, Heidelberg

Literatur zu Kapitel 5

Geitmann S (2004) Wasserstoff und Brennstoffzellen – Die Technik von morgen. Hydrogeit Verlag, Kremmen

Kordesch K, Simader G (1996) Fuel Cells and Their Application. VCH Verlagsgesellschaft mbH, Weinheim

Landesinitiative Zukunftsenergien NRW: Wasserstoff – Nachhaltige Energie – stationär, mobil, 2001/2010. http://www.energieregion-el.de/downloads/Wasserstoff.pdf

Töpler J, Lehmann J (2013) Wasserstoff und Brennstoffzelle – Technologien und Marktperspektiven. Springer Vieweg, Berlin Heidelberg, u.v.m. http://www.fuelcelltoday.com/analysis/surveys/2013/water-electrolysis-renewable-energy-systems

Winter CJ, Nitsch J (1989) Wasserstoff als Energieträger, 2. Aufl. Springer, Berlin

Literatur zu Kapitel 6

Eichsleder H, Klell M (2012) Wasserstoff in der Fahrzeugtechnik. Springer Vieweg, Wiesbaden

Geitmann S (2006) Wasserstoffautos – Was uns in Zukunft bewegt. Hydrogeit Verlag, Kremmen

http://de.wikipedia.org/wiki/Wasserstoffantrieb,   .../Wasserstoffverbrennungsmotor, .../Brennstoffzellenfahrzeug usf.

http://www.buch-der-synergie.de/c_neu_html/c_07_01_wasserstoff_herstellung.htm

Weiterführende Literatur

Boetius H (2005) Die Wasserstoffwende – Eine neue Form der Energieversorgung. DTV, München

Bose T, Malbrunot P (2006) Hydrogen – Facing the energy challenges of the 21st century. John libbey Eurotext, Esher

Evers A (2010) The Hydrogen Society … more than just a Vision? Hydrogeit, Obeerkraemer

Hoogers G (2003) Fuel Cell Technology Handbook. CRC Press, London

Koppel T (1999) Powering the Future – The Ballard Fuel Cell and the Race to Change the World. Wiley, Toronto

Kurzweil P (2013) Brennstoffzellentechnik – Grundlagen, Komponenten, Systeme, Anwendungen. Springer Vieweg, Wiesbaden

Lehmann L (2002/2009) Wasserstoff – Der neue Energieträger. DWV, Berlin

Pehnt M (2002) Energierevolution Brennstoffzelle? Wiley-VCH, Weinheim

Peschka W (2014) Flüssiger Wasserstoff als Energieträger – Technologie und Anwendungen. Springer, Wien

Pukrushpan JT et al (2004) Control of fuel cell power systems: principles, modeling, analysis and feedback design. Springer, London

Rifkin J (2011) Die dritte industrielle Revolution. Campus, Frankfurt am Main

Rifkin J (2002) Die H2-Revolution. Campus, Frankfurt am Main

Romm J (2006) Der Wasserstoff-Boom. Wiley-VCH, Weinheim

Santin JJ et al (2007) The World's most Fuel Efficient Vehicle – design and development of pac car II, vdf Hochschulverlag ETHZ, Zürich

Stan C (2012) Alternative Antriebe für Automobile – Hybridsysteme, Brennstoffzellen, alternative Energieträger. Springer Vieweg, Heidelberg

Stolten D (2010) Hydrogen and Fuel Cells, Wiley-VCH, Weinheim

Tetzlaff KH (2011) Wasserstoff für alle. Books on Demand, Norderstedt

Vielstich W, Lamm A, Gasteiger HA (2003) Handbook of Fuel Cells: Fundamentals, Technology, Applications. Wiley-VCH, Weinheim

Welzer H, Rammler S (2013) Der FUTURZWEI Zukunftsalmanach 2013 – Schwerpunkt Mobilität. Fischer, Frankfurt am Main

Willenbacher M (2013) Mein unmoralisches Angebot an die Kanzlerin. Herder, Freiburg

Zehner O (2012) Green Illusions. University of Nebraska Press, Lincoln

Züttel A, Borgschulte A, Schlapbach L (2008) Hydrogen as a Future Energy Carrier. Wiley-VCH, Weinheim

http://www.fuelcellpropulsion.org/projects.html

http://www.fuelcelltoday.com, u. a. . . . /about-fuel-cells/history, . . . /analysis/surveys usf.

http://www.global-hydrogen-bus-platform.com/

http://www.hzwei.info/verlag.phtml

http://www.nasa.gov/topics/technology/hydrogen/, http://history.nasa.gov/SP-4404/ch8-2.htm

Plattformen von Fahrzeugherstellern: http://www.fuel-cell-e-mobility.info, http://www.toyota.com/fuelcell/, http://world.honda.com/FuelCell/ usf.

Wasserstoff-Organisationen: http://www.dwv-info.de/, http://www.now-gmbh.de/de/, http://www.h2euro.org/, http://www.iahe.org/, http://www.fchea.org/

Sachverzeichnis

Festoxid-BZ/Elektrolyseur, 48, 87
Flächennutzung, 22
Flow-Field, 33
Flugzeug, 13–15, 39, 70, 92, 105, 106, 125
fossiler Kraftstoff, 21

G
Gasbatterie, 26
Gasreinigung, 45, 46
Gesamtwirkungsgrad, 9

H
Heizwert, 14, 18, 28, 29, 34, 77, 78, 104, 107
Hochtemperatur-Brennstoffzelle, 43, 45–47, 87
Hochtemperatur-PEM, 30
Hochtemperatur-PEM-BZ, 43
Hotspot, 40
Hybridfahrzeug, 17, 51, 54, 58, 59
Hybridkraftwerk, 8, 135

I
Infrastruktur, 15, 19, 89, 95, 106, 107, 117, 119, 121
Innenwiderstand, 34, 37, 56, 84

K
kalte Verbrennung, 6
Kaltstart, 48
Katalysator, 6, 7, 14, 18, 26, 27, 30–32, 39, 43, 45–47, 76, 80, 86, 87, 95, 98
Kathode, 26, 27, 29, 30, 32, 39, 40, 44, 45, 47, 81–83, 85
Kavernenspeicherung, 10, 90
Kernfusion, 8, 78, 128
Klimawandel, 4
Kohlendioxid, 18, 20, 26, 28, 44, 47, 49, 79
Kondensationswärme, 20, 28, 29, 36, 78
Kraftstoffverbrauch, 14, 109

Kraft-Wärme-Kopplung (KWK), 49, 139
Kühlung, 33, 38, 39, 41, 85, 86
Kühlwasser, 33

L
Leistungsdichte, 2, 3, 44–46, 56, 58, 59
Lithium-Ionen-Akku, 59, 113, 116, 120
LOHC, 20

M
MCFC, 43, 46, 47, 49
Metallhydridspeicher, 93, 94, 112, 123, 131
Methan, 4, 20, 21, 48, 78, 96
Methanisierung, 137
Methanol, 7, 20, 44, 45, 69, 115, 121
MOF, 94
Motorroller, 112, 113

N
Nachhaltigkeit, 3
Nennleistung, 2, 17, 36, 41, 68, 73
Notstromversorgung, 41, 91, 132
Nullemissionsfahrzeug (ZEV), 61, 115
Nutzenergie, 9
Nutzleistung, 28

O
oberer Heizwert (HHV), 29, 78, 87
Ölkrise, 14, 61, 114, 128
Ottomotor, 17, 107, 108

P
Palladium, 31, 98, 99
PEMFC, 123
PEM-Brennstoffzelle, 8, 29–31, 33, 34, 36, 37, 39, 41–47, 49, 70, 87, 90, 95, 112, 113, 115, 116, 122, 123, 125
PEM-Elektrolyseur, 87
Phosphorsäure-Brennstoffzelle (PAFC), 46

Made in the USA
Las Vegas, NV
07 November 2024

11219338R00095